应用型本科"十三五"规划教材

C51/C52 单片机原理与应用技术

主　编　温宏愿　周　军　刘小军

副主编　倪文彬　刘增元　刘　磊

参　编　曹　阳　张　朋

西安电子科技大学出版社

内 容 简 介

本书共 12 章,从单片机的基本概念、发展趋势和家族系列等切入,通过阐述单片机的基本原理和内部结构,向初学者介绍单片机的基础知识;从实际和应用出发,详细介绍单片机各资源模块,并以 STC89C52 单片机为例给出具体的项目应用,包括 I/O 端口技术及应用、LED 与 LCD 显示、中断技术及应用、定时/计数器技术及应用、串口通信、矩阵键盘设计及应用、I^2C 总线通信、模/数转换技术及应用等。另外,本书详细分析基于 STC89C52 单片机的综合设计案例,最后介绍 C51 程序设计与标准 C 语言的区别与联系。

本书每章都以对话式引入,以项目化实操的形式进行编排,旨在培养读者逐步掌握单片机的工作原理,提升读者的电路设计与程序编写能力。本书适合作为各类应用型本科高等院校、高等职业技术学院电气类、电子信息类、自动化类、计算机类及机械电子工程专业的单片机课程教材,也适合于单片机的初学者自学阅读,还可供从事相关工作的工程技术人员参考。

图书在版编目(CIP)数据

C51/C52 单片机原理与应用技术/温宏愿,周军,刘小军主编 . —西安:西安电子科技大学出版社,2019.3

ISBN 978 - 7 - 5606 - 5249 - 8

Ⅰ. ① C⋯ Ⅱ. ① 温⋯ ②周⋯ ③刘⋯ Ⅲ. ① 单片微型计算机 Ⅳ. ① TP368.1

中国版本图书馆 CIP 数据核字 (2019) 第 026587 号

策划编辑　高　樱
责任编辑　马　凡　雷鸿俊
出版发行　西安电子科技大学出版社(西安市太白南路 2 号)
电　　话　(029)88242885　88201467　　　邮　编　710071
网　　址　www. xduph. com　　　　　电子邮箱　xdupfxb001@163.com
经　　销　新华书店
印刷单位　咸阳华盛印务有限责任公司
版　　次　2019 年 3 月第 1 版　2019 年 3 月第 1 次印刷
开　　本　787 毫米×1092 毫米　1/16　印张 13.5
字　　数　313 千字
印　　数　1～3000 册
定　　价　30.00 元

ISBN 978 - 7 - 5606 - 5249 - 8/TP

XDUP 5551001 - 1

＊ ＊ ＊如有印装问题可调换＊ ＊ ＊

应用型本科"十三五"规划教材
编审专家委员名单

前　　言

21 世纪是信息时代，电子技术的发展日新月异，单片机技术作为其相关专业的应用型本科大学生的必备知识也越来越受到重视。

本书深入浅出地介绍了 51 单片机的各方面知识，具有理论联系实际、硬件结合软件的设计特点，让读者能够轻松地进行学习。全书可分为以下四部分：

第一部分（第 1、2 章）简单介绍 51 单片机的历史和应用领域，着重介绍传统 51 单片机的特点、构成及内部资源。

第二部分（第 3～10 章）着重讲解 51 单片机内部资源，并以 STC89C52 单片机为例进行项目化任务设计，如 I/O、定时/计数器、外部中断、串口通信、数码管、LCD、矩阵键盘、I²C 总线通信、模/数转换等，在详细介绍原理的同时，辅以清晰的代码对原理进行解释说明，形成原理与实践相结合的学习体系，使初学者能够迅速掌握单片机的基本应用。

第三部分（第 11 章）详细分析单片机综合设计案例，分别是基于单片机的红外遥控接收器设计和 GPS 导航信号接收器设计。这两个程序设计均不是简单地照搬大学课程设计课题中普遍存在的实验，而是重新进行了设计与开发，能够很好地检验读者对单片机学习的深入程度。

第四部分（第 12 章）给出了 C51 程序设计与标准 C 语言的区别和联系，使读者的逻辑思维能力在面向单片机编程的学习过程中得到"质"的提高。

参与本书编写工作的主要人员有温宏愿、周军、刘小军、倪文彬、刘增元、刘磊、曹阳、张朋等。本科生吕晓睿、徐雷、朱鸿杰、崔宇豪、王振路、柴云韬、杨松、邱岳等对书稿的录入、校对和程序验证做了很多工作，在此对他们付出的努力表示感谢！

希望本书能对读者的单片机水平起到一定的提升作用。由于书中程序代码较复杂、图表比较多，难免有所疏漏，恳请读者批评指正，可以通过 E-mail（danpianji_liu@126.com）进行反馈，我们希望能够得到您的帮助。

编　者
2018 年 12 月

目　　录

1

第1章　绪　　论

【老师】：小明同学，有没有听说过单片机？

【小明】：单片机？被切成一片一片的计算机？（笑）

【老师】：（笑）你思考得很形象。那么你至少听说过 CPU 和 PC 机吧？

【小明】：这个了解，CPU 指中央处理器，而 PC 机是指个人计算机，其中包含了 CPU 和许多外设，如键盘、硬盘、鼠标、显示器，等等。

【老师】：其实单片机的全称是"单片微型计算机"，是指将 CPU、存储器及各种 I/O 接口等部件制作在一块大规模集成电路芯片上，具有一定规模和独立功能的计算机。（拿出实物，如图 1-1 所示。）

图 1-1　单片机实物

【小明】：（仔细观察）果然是一片。这么一小片芯片有什么用？

【老师】：其实我们的生活已经被单片机包围了，从小小的数字闹钟，到数控洗衣机、智能微波炉、智能烤箱、智能电冰箱等，到处都有单片机的影子。可以说，只要带"数控"或"智能"二字的产品，在其内部必然可以找到单片机的身影。

【小明】：这么神奇！我一定要好好学习一下。

引　　言

单片机（单片微型计算机）是微型计算机的一个重要分支，自 20 世纪 70 年代问世以来，以其体积小、可靠性高、使用方便、操作简单、容易理解、可高度产品化等突出特点，在智能控制、机电一体化、多机系统、电器等各个领域都有广泛的应用。接下来介绍单片机的应用及原理。

1.1   单片机的基本概念

简单来说，单片机是一种集成电路芯片，是采用超大规模集成电路技术，把具有数据处理能力的中央处理器(CPU)、随机存储器(RAM)、只读存储器(ROM)、多种 I/O 口、中断系统、定时/计数器等器件(可能还包含显示驱动电路、脉宽调制电路、模拟多路转换器、A/D 转换器等)集成到一块硅片上而构成的一个小而完善的微型计算机系统。

1946 年，由约翰·莫克里(John Mauchly)和埃克特(Eckert，John Presper，Jr.)等研制的第一台电子计算机 ENIAC(Electronic Numerical Integrator And Computer)在美国宾夕法尼亚大学诞生。从此，电子计算机经历了电子管、晶体管、集成电路、大规模集成电路(LSI)和超大规模集成电路(VLSI)一系列的更新换代。它一方面向着高速、智能化的超级巨型机的方向发展，另一方面向着微型计算机的方向发展。

1.2   单片机技术的发展

1.2.1   单片机的发展历程

单片机是典型的嵌入式微控制器，常用英文字母缩写 MCU(Micro Controller Unit)表示，它最早被用在工业控制领域。由于单片机在工业控制领域的广泛应用，为使更多的业内人士、学生、爱好者以及产品开发人员掌握单片机这门技术，于是产生了单片机开发板，比较有名的如电子人 DZR-01A 单片机开发板。单片机由芯片内仅包含 CPU 的专用处理器发展而来，最早的设计理念是通过将大量外围设备和 CPU 集成在一个芯片中，使计算机系统更小，更容易集成到复杂的、对体积要求严格的控制设备当中。Intel 公司的 Z80 是最早按照这种理念设计出来的处理器，从此以后，单片机和专用处理器的发展便分道扬镳了。

早期的单片机都是 8 位或 4 位的，其中最成功的是 Intel 的 8031，因为简单可靠、性能不错而获得了广泛好评。此后在 8031 的基础上发展出了 MCS-51 系列单片机系统。基于这一系列的单片机系统直到现在还在广泛使用。

单片机的发展可分为以下几个阶段。

(1) 第一阶段(1976—1978 年)：单片机的探索阶段。以 Intel 公司的 MCS-48 为代表。MCS-48 的推出是在工控领域的探索，参与这一探索的公司还有 Motorola、Zilog 等，都取得了满意的效果。这就是 SCM(Single Chip Microcomputer)的诞生年代，"单机片"一词即由此而来。

(2) 第二阶段(1978—1982 年)：单片机的完善阶段。Intel 公司在 MCS-48 的基础上推出了完善的、典型的单片机系列即 MCS-51。它在以下几个方面奠定了典型的通用总线型单片机体系结构。

① 完善的外部总线。MCS-51 设置了经典的 8 位单片机的总线结构，包括 8 位数据总线、16 位地址总线、控制总线及具有多机通信功能的串行通信接口。

② CPU 外围功能单元的集中管理模式。

③ 体现工控特性的位地址空间及位操作方式。

④ 指令系统趋于丰富和完善，并且增加了许多突出控制功能的指令。

（3）第三阶段（1982—1990 年）：8 位单片机的巩固发展及 16 位单片机的推出阶段，也是单片机向微控制器发展的阶段。Intel 公司推出的 MCS - 96 系列单片机，将一些用于测控系统的模/数转换器、程序运行监视器、脉宽调制器等纳入片中，体现了单片机的微控制器特征。随着 MCS - 51 系列的广泛应用，许多电气厂商竞相使用 80C51 为内核，将许多测控系统中使用的电路技术、接口技术、多通道 A/D 转换部件、可靠性技术等应用到单片机中，增强了外围电路功能，强化了智能控制的特征。

（4）第四阶段（1990 年至今）：微控制器的全面发展阶段。随着单片机在各个领域全面深入的发展和应用，出现了高速、大寻址范围、强运算能力的 8 位/16 位/32 位通用型单片机，以及小型廉价的专用型单片机。

1.2.2 单片机的发展趋势

1. CMOS（金属栅氧化物）化

近年来，由于 CHMOS（混合互补金属氧化物半导体）技术的进步，极大地促进了单片机的 CMOS 化。CMOS 芯片除了具有低功耗的特性之外，还具有功耗的可控性，使单片机可以工作在功耗精细管理状态。这也是之后以 80C51 取代 8051 为标准 MCU 芯片的原因，因为单片机芯片多数采用的是 CMOS 半导体工艺生产技术。CMOS 电路的特点是低功耗、高密度、低速度、低价格。采用双极型半导体工艺的 TTL（晶体管-晶体管逻辑电平）电路速度快，但功耗和芯片面积较大。随着技术和工艺水平的提高，又出现了 HMOS 工艺（高密度、高速度 MOS）、CHMOS 工艺以及 CHMOS 和 HMOS 工艺的结合。目前生产的 CHMOS 电路已达到 LSTTL（低功耗肖特基晶体管-晶体管逻辑）的速度，传输延迟时间小于 2 ns，它的综合优势在于 TTL 电路。因此，在单片机领域 CMOS 正在逐渐取代 TTL 电路。

2. 低功耗化

单片机的功耗已达 mA 级，甚至 1 μA 以下，使用电压为 3～6 V，完全适应电池工作。低功耗化的效应不仅是功耗低，而且带来了产品的高可靠性、高抗干扰能力以及产品的便携化。

3. 低电压化

几乎所有的单片机都有 WAIT、STOP 等省电运行方式。允许使用的电压范围越来越宽，一般在 3～6 V 工作。低电压供电的单片机电源下限已可达 1～2 V。目前 0.8 V 供电的单片机已经问世。

4. 低噪声与高可靠性

为提高单片机的抗电磁干扰能力，使产品能适应恶劣的工作环境，满足电磁兼容性方面更高标准的要求，各单片机厂家在单片机内部电路中都采用了新的技术措施。

5. 大容量化

以往单片机内的 ROM（Read-Only Memory，只读存储器）的容量为 1～4 KB，RAM（Random Access Memory，随机存取存储器）的容量为 64～128 B。但在需要复杂控制的场合，该存储容量是不够的，必须进行外接扩充。为了适应这种领域的要求，须运用新的工艺，使片内存储器大容量化。

6. 高性能化

高性能化主要是指进一步改进 CPU 的性能，加快指令运算的速度和提高系统控制的可靠性。采用精简指令集(RISC)结构和流水线技术，可以大幅度提高运行速度。现指令速度最高者已达 100 MIPS(Million Instruction Per Seconds，兆指令每秒)，并加强了位处理功能、中断和定时控制功能。这类单片机的运算速度比标准的单片机高出 10 倍以上。由于这类单片机有极高的指令速度，就可以用软件模拟其 I/O 功能，由此引入了虚拟外设的新概念。

7. 小容量、低价格化

与上述发展趋势相反，以 4 位或 8 位机为中心的小容量、低价格化也是发展动向之一。这类单片机的用途是把以往用数字逻辑集成电路组成的控制电路单片化，可广泛用于家电产品。

8. 外围电路内装化

随着集成度的不断提高，有可能把众多的外围功能器件集成在片内。除了一般必须具有的 CPU、ROM、RAM、定时/计数器等以外，片内集成的部件还有 A/D 转换器、DMA控制器、声音发生器、监视定时器、液晶显示驱动器以及彩色电视机和录像机用的锁相电路等。

9. 串行扩展技术

在很长一段时间里，通用型单片机通过三总线结构扩展外围器件成为单片机应用的主流结构。随着低价位 OTP(One Time Programable，一次性可编程)及各种类型片内程序存储器的发展，加之外围接口不断进入片内，推动了单片机"单片"应用结构的发展。特别是 I^2C、SPI 等串行总线的引入，可以使单片机的引脚设计得更少，单片机系统结构更加简化及规范化。

1.3 单片机家族

单片机厂商林立，产品琳琅满目，性能各异。目前市场上的单片机产品达 70 多个系列，共 500 多个品种，其中还不包括定制的专用单片机。单片机按生产厂商来分类有Motorola单片机、Microchip 机等；按结构划分有集中指令集(CISC)和精简指令集(RISC)。属于 CISC 结构的单片机有 MCS-51 系列、Motorola 公司的 M68HC 系列、Atmel 公司的AT89 系列、Philips 公司的 PCF80C51 系列等；属于 RISC 结构的有 Microchip 公司的 16C系列和 PIC 系列、Zilog 公司的 Z86 系列、Atmel 公司的 AVR 系列、东芝公司和富士通公司的 32 位单片机等。虽然 8 位单片机功能单一，但使用量很大，在各种刊物上比较多见的8 位单片机系列有MCS-51系列、STC 系列、AVR 系列和 PIC 系列，下面分别对其进行介绍。

MCS-51 系列是应用最广泛的 8 位单片机，最早由 Intel 公司推出，其典型产品是8051。世界上许多著名的芯片公司(Atmel、Philips、三星等)都购买了 51 芯片的核心专利技术，并在此基础上进行了改进，推出了许多兼容性的 CHMOS 单片机，形成了一个庞大的 51 体系，Philips、Siemens、Atmel 等著名的半导体公司都推出了兼容 MCS-51 的单片机产品。近年来 MCS-51 单片机获得了飞速的发展，最典型的是 Philips 和 Atmel 公司的产品。Philips 公司在发展 MCS-51 的低功耗、高速度和增强型功能上作了不少贡献，在改善其性能的基础上，发展了高速 I/O 接口和 A/D 转换器，增强了 PWM（脉宽调制）、WDT（看门狗定时器）等功能，并对低电压微功耗、扩展串行总线（C）和控制网络总线（CAN）等功能加以完善。Atmel 公司推出的 AT89Cx 系列兼容了 MCS-51 单片机，完美地将 Flash（非易失闪存技术）与 80C51 内核结合起来。Flash 的可擦写程序存储器给编程和调试带来了极大的便利，能有效地降低开发费用，并使单片机多次重复使用，其典型产品 AT89C51、AT89C52、AT89852 等一度成为最流行的 8 位单片机。

STC 系列单片机是深圳宏晶公司的产品，是以 51 内核为主的系列单片机，芯片在设计时汲取了其他 51 系列单片机很容易被解密的不足，改进了加密机制，是目前很流行的一种单片机。

AVR 单片机是由 Atmel 公司生产的 8 位单片机，是一种基于新的 RISC 结构且内载 Flash ROM 的单片机。它综合了半导体集成技术和软件性能的新结构，取消了机器周期，以时钟周期为指令周期，实行流水作业，指令的运行速度可以达到纳秒级，其显著的特点是高性能、高速度、低功耗。在 8 位微处理器市场上，AVR 单片机具有最高 MIPS/mW 能力，是 8 位单片机中的高端产品，由于它出色的性能，目前应用范围越来越广。

PIC 系列单片机是美国 Microchip 公司的 8 位单片机产品，其价格低廉、性能出色，具有低工作电压、低功耗、驱动能力强等特点。PIC 系列单片机采用 RISC 指令集、Harvard 双总线结构及指令流水线技术，运行效率高。

综上所述，MCS-51 系列是 8 位单片机中的代表产品之一，其结构简单，是初学者的首选，但是由于 MCS-51 单片机已经停产，所以在任务设计部分，我们选取 STC89C52 单片机作为替代。STC 公司生产的这种单片机是一种低功耗、高性能的 CMOS 8 位微控制器，具有 8 KB 系统可编程 Flash 存储器。STC89C52 使用了经典的 MCS-51 内核，但是做了很多的改进，使得芯片具有传统 51 单片机不具备的功能。在单芯片上，拥有灵巧的 8 位 CPU 和在系统内可编程 Flash，使得 STC89C52 为众多嵌入式控制应用系统提供了高灵活、超有效的解决方案。

1.4　单片机的应用领域

单片机广泛应用于仪器仪表、家用电器、医用设备、航空航天、专用设备的智能化管理及过程控制等领域，大致可分如下几个范畴。

1. 在智能仪器仪表上的应用

单片机广泛应用于仪器仪表中，结合不同类型的传感器，可实现诸如电压、功率、频率、湿度、温度、流量、速度、厚度、角度、长度、硬度、元素、压力等物理量的测量。采用单片机控制使得仪器仪表数字化、智能化、微型化，且功能比采用电子或数字电路的仪器仪表更强大，例如精密的测量设备（功率计、示波器及各种分析仪）。

2. 在工业控制中的应用

用单片机可以构成形式多样的控制系统、数据采集系统。例如工厂流水线的智能化管理、电梯智能化控制、各种报警系统的控制以及与计算机联网构成二级控制系统等。

3. 在家用电器中的应用

可以这样说，现在的家用电器基本上都采用了单片机控制，如电饭煲、洗衣机、电冰箱、空调机、彩电、音响视频器材、电子称量设备等，五花八门，无所不在。

4. 在计算机网络和通信领域中的应用

现代的单片机普遍具备通信接口，可以很方便地与计算机进行数据通信，这为单片机在计算机网络和通信领域中的应用提供了极好的物质条件，现在的通信设备基本上都实现了单片机智能控制，如手机、电话机、小型程控交换机、楼宇自动通信呼叫系统、列车无线通信系统以及集群移动通信、无线电对讲机等。

5. 在医用设备领域中的应用

单片机在医用设备中的用途亦相当广泛，例如医用呼吸机以及各种分析仪、监护仪、超声诊断设备与病床呼叫系统等。

6. 在各种大型电器中的模块化应用

某些专用单片机设计用于实现特定功能，从而在各种电路中进行模块化应用，而不要求使用人员了解其内部结构。如音乐集成单片机，虽然它实现的功能看似简单，但实际上它微缩在纯电子芯片中，其原理很复杂，类似于计算机的原理，其音乐信号以数字的形式存于存储器中（类似于 ROM），由微控制器读出，再转化为模拟音乐电信号（类似于声卡）。在大型电路中，这种模块化应用极大地缩小了体积，简化了电路，降低了损坏、错误率，也方便更换。

此外，单片机在工商、金融、科研、教育、国防航空航天等领域都有着十分广泛的用途。

1.5　本　章　小　结

本章是单片机原理与应用绪论部分。主要介绍了单片机的概念、发展历程、发展趋势、分类以及今后的发展方向及特点。通过对本章的学习，读者可对单片机有初步的认识。

1.6　习　题　与　思　考

（1）简述单片机的发展历程。
（2）简述单片机的应用领域有哪些。
（3）简述单片机的发展趋势。

第 2 章　单片机结构及工作原理

【小明】：老师，在上一章节我已经了解了单片机的发展史和应用领域，一堆术语看得有点晕，能不能介绍一些更加具体的内容？

【老师】：（笑）其实你可以先跳过第 1 章，从第 2 章开始。

【小明】：（汗……）

【老师】：那么，接下来我们就来看一下单片机的内部结构，看看单片机的肚子里到底有些什么东西。

引　言

通过对上一章内容的学习，我们知道了单片机是一种处理器芯片，它是用来计算、控制各种程序和电路的。那我们想一想：我们写的程序到底存放在单片机内部的哪个地方呢？程序的执行到底由哪个模块负责呢？针对这些问题，下面我们详细道来。

2.1　单片机的硬件结构

2.1.1　中央处理器

中央处理器(Central Processing Unit，CPU)是一块超大规模的集成电路，是一台计算机的运算核心(Core)和控制核心(Control Unit)。它的功能主要是解释计算机指令以及处理计算机软件中的数据。

中央处理器主要包括运算器即算术逻辑运算单元(Arithmetic Logic Unit，ALU)以及高速缓冲存储器(Cache)与实现它们之间联系的数据(Data)、控制及状态的总线(Bus)。它与内部存储器(Memory)和输入/输出(I/O)设备合称为电子计算机的三大核心部件。

1. 物理结构

中央处理器物理结构主要包括运算逻辑部件、寄存器部件和控制部件等。

(1) 运算逻辑部件。其可以执行定点或浮点算术运算操作、移位操作以及逻辑操作，也可执行地址运算和转换。

(2) 寄存器部件。其包括寄存器、专用寄存器和控制寄存器；它又可分定点数和浮点数两类，它们用来保存指令执行过程中临时存放的寄存器操作数和中间(或最终)的操作结果。通用寄存器是中央处理器的重要部件之一。

（3）控制部件。其主要负责对指令译码，并且发出为完成每条指令所要执行的各个操作的控制信号。

2. 工作过程

CPU 从存储器或高速缓冲存储器中取出指令，放入指令寄存器，并对指令译码。它把指令分解成一系列的微操作，然后发出各种控制命令，执行一系列的微操作，从而完成一条指令的执行。指令是计算机规定执行操作的类型和操作数的基本命令。指令由一个字节或者多个字节组成，其中包括操作码字段、一个或多个有关操作数地址的字段和一些表征机器状态的状态字和特征码。有的指令中也直接包含操作数本身。

2.1.2　程序存储器

51 单片机具有 64KB 程序存储器寻址空间，它用于存放用户程序、不变的数据等信息。当 EA 脚为高电平时，CPU 先从内部的程序存储器中读取程序，当 PC 值超过内部 ROM 的容量时，将自动转向执行外部程序存储器内的程序。当 EA 脚为低电平时，则只访问外部程序存储器。

对于早期 8051 单片机来讲，可寻址的程序存储器总空间为 64KB，统一编址，地址范围为 0000H～0FFFFH。片内 4 KB 的程序存储单元，其地址为 0000H～0FFFH，当 EA＝1 时，程序从片内 FLASH ROM 开始执行，当 PC 值超过 0FFFH 时将自动转向外部 ROM 空间，即 1FFFH～0FFFFH 地址区为外部 ROM 专用。当 EA＝0 时，程序从外部存储器开始执行，片外地址范围为 0000H～0FFFFH。0000H 单元是执行程序的入口地址。系统复位后，程序计数器（程序指针）PC 的内容为 0000H，单片机必须从 0000H 单元开始执行程序，如果程序没有存放在 0000H 单元处，则应在 0000H～0002H 单元中存放一条无条件转移指令，让 CPU 跳转执行用户指定的程序。

2.1.3　数据存储器

数据存储器也称为随机存取数据存储器。51 单片机的数据存储器在物理上和逻辑上都分为两个地址空间，一个是内部数据存储区和一个外部数据存储区。内部 RAM 有128 B 或 256 B 的用户数据存储（不同的型号有区别），它们是用于存放执行的中间结果和过程数据的。

一般增强型 51 单片机内部的数据存储器在物理上分为两个区域：00H～0FFH 即256 B 的内部 RAM 区和 80H～0FFH 的特殊功能寄存器（SFR）区。其中，内部 RAM 的高128 B（80H～0FFH）区和特殊功能寄存器（SFR）区的地址是重合的，但两者的物理空间是分开的，并通过不同的寻址方式来区分，前者被称为 IDATA 区，采用间接寻址方式访问，而 SFR 区只能采用直接寻址方式访问。从用户角度而言，00H～0FFH 的内部 RAM 区才是真正的数据存储器。SFR 是特殊功能寄存器的总称，是单片机中的一组特殊的临时存储区域，用于动态存放单片机运行过程中的一些状态信息并以此做出相应的控制。下面分别加以讨论。

1. 片内用户数据存储区

在 00H～FFH 共 256 B 的片内用户 RAM 区中,00H～1FH 的 32 个单元为通用寄存器区,20H～2FH 单元为位寻址区,30H～0FFH 单元是供用户使用的一般 RAM 区,如图 2-1 所示。

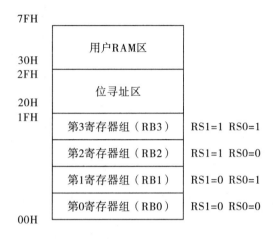

图 2-1　片内用户数据存储区

1) 通用寄存器区(00H～1FH)

最低 32 个单元(00H～1FH)被均匀地分为 4 块,即 4 个通用工作寄存器组,如表 2-1 所示。每个寄存器组包含 8 个 8 位寄存器,均以 R0～R7 来命名,这些寄存器称为通用寄存器。这 4 组中的寄存器都称为 R0～R7,那么在程序中如何区分和使用呢? 程序状态字寄存器(PSW)的 D3 和 D4 位(RS0 和 RS1)用以确定具体选用哪一组工作寄存器。如程序中并不需要用 4 组,那么其余的可用做一般的数据缓冲器,CPU 在复位后,选中第 0 组工作寄存器。

表 2-1　通用寄存器组

组	RS1 RS0	R0	R1	R2	R3	R4	R5	R6	R7
0	00	00H	01H	02H	03H	04H	05H	06H	07H
1	01	08H	09H	0AH	0BH	0CH	0DH	0EH	0FH
2	10	10H	11H	12H	13H	14H	15H	16H	17H
3	11	18H	19H	1AH	1BH	1CH	1DH	1EH	1FH

2) 位寻址区(20H～2FH)

片内 RAM 的 20H～2FH 单元为位寻址区,既可作为一般单元用字节寻址,也可对它们的位进行寻址。位寻址区共有 16 B,128 个位,位地址为 00H～7FH。位地址分配如表 2-2 所示。位寻址区构成了布尔处理机的存储器空间,CPU 能直接寻址这些位,执行例如置"1"清"0"、求反、转移、传送和逻辑等操作。

表 2‐2   位地址存储区

单元地址	位 地 址							
2FH	7F	7E	7D	7C	7B	7A	79	78
2EH	77	76	75	74	73	72	71	70
2DH	6F	6E	6D	6C	6B	6A	69	68
2CH	67	66	65	64	63	62	61	60
2BH	5F	5E	5D	5C	5B	5A	59	58
2AH	57	56	55	54	53	52	51	50
29H	4F	4E	4D	4C	4B	4A	49	48
28H	47	46	45	44	43	42	41	40
27H	3F	3E	3D	3C	3B	3A	39	38
26H	37	36	35	34	33	32	31	30
25H	2F	2E	2D	2C	2B	2A	29	28
24H	27	26	25	24	23	22	21	20
23H	1F	1E	1D	1C	1B	1A	19	18
22H	17	16	15	14	13	12	11	10
21H	0F	0E	0D	0C	0B	0A	09	08
20H	07	06	05	04	03	02	01	00

3）用户使用一般 RAM 区（30H～FFH）

在用户 RAM 的 256 个单元中，通用寄存器占去 32 个单元，位寻址区占去 16 个单元，剩下的 208 个单元就是供用户使用的一般 RAM 区了，地址单元为 30H～0FFH。对这部分区域的使用不作任何规定和限制，但应说明的是，堆栈一般开辟在这个区域。

2. 特殊功能寄存器 SFR

特殊功能寄存器也称为专用寄存器，是具有特殊功能的所有寄存器的集合，简称 SFR（Special Function Register）。特殊功能寄存器的内容反映了 MCS‐51 单片机的运行状态。很多功能也通过特殊功能寄存器来定义和控制程序的执行，特殊功能寄存器越多，编程和控制功能越强、越灵活，但消耗的硬资源也越多。

SFR 的地址空间为 80H～FFH，但是仅有 21 B（80C51 子系列）或 26 B（80C52 子系列）作为特殊功能寄存器离散的分布在这 128 B 范围内，其余字节无定义，用户也不能对这些单元进行读/写操作。字节地址能被 8 整除的单元支持位寻址，且最低位的位地址等于该字节地址，虽然特殊功能寄存器的地址范围为 80H～FFH，但它并不占用全部 80H～

FFH 的地址单元，未被占用单元的内容是不确定的。下面介绍特殊功能寄存器组所包含的各特殊功能寄存器。

1）累加器 ACC(简记 A)

累加器 A 是一个最常用的专用寄存器，大部分单操作数指令的操作数都取自累加器，很多双操作数指令中的一个操作数也取自累加器。加、减、乘、除法运算的指令，运算结果都存放于累加器 A 或 AB 累加器对中。

2）寄存器 B

寄存器 B 是运算器中的一个工作寄存器，在做乘、除法时放乘数或除数，不做乘除法时，可以调用。在乘除法指令的乘法指令中的两个操作数分别取自累加器 A 和寄存器 B，其结果存放于 AB 寄存器对中。在除法指令中，被除数取自累加器 A，除数取自寄存器 B，商存放于累加器 A 中，余数存放于寄存器 B 中。在其他的运算中，寄存器 B 可作为中间结果寄存器使用。

3）程序状态字 PSW

程序状态字是一个 8 位寄存器，用于存放程序运行的状态信息，这个寄存器的一些位可由软件设置，另外一些位则是由硬件运行时自动设置的。PSW 的格式及各标志的含义如表 2-3 所示，其中 D1 是保留位，未使用。

表 2-3　PSW 的格式及各标志

位地址	D7	D6	D5	D4	D3	D2	D1	D0
标志位	CY	AC	FO	RS1	RS0	OV	—	P

CY(D7)：进位标志。功能是执行某些算术运算时，存放进/借位标志，有进位或借位时 CY=1；否则，CY=0，该位可被硬件或软件置位或清 0。

AC(D6)：辅助进位标志。进行加/减运算时，当有 D3 位向 D4 位进位或借位时 AC=1；否则，AC=0。

FO(D5)：用户标志。用户可以根据需要对 FO 赋予一定的涵义，并依据 FO=0 或 FO=1 来决定程序的执行方式。

RS1、RS0(D4、D3)：工作寄存器组选择控制，其值决定选择哪一组工作寄存器。如表 2-1 所示。

OV(D2)：溢出标志。超出了累加器 A 所能表示的符号数的有效范围($-128\sim+127$)时，即产生溢出，OV=1。如果 OV=0，则不溢出。

P(D0)：奇偶校验标志，声明累加器 A 的奇偶性，每条指令执行完后，都按照 A 中 1 的个数由硬件来置位或清 0。当 1 的个数为奇数时 P=1；否则，P=0。

4）堆栈指针 SP

堆栈指针寄存器 SP 字长为 8 位，它指示堆栈顶部在内部 RAM 中的位置。堆栈指针原则上可以指向片内 RAM 的任何单元。系统复位后，SP 的初始值为 07H，入栈时，SP 值先加 1 再存入，使得堆栈实际上是从 08H 开始的。从 RAM 的结构分布可知，08H～

1FH 隶属于 1～3 组工作寄存器区（如表 2-1 所示），若编程时需要用到这些数据单元，则必须对堆栈指针 SP 进行初始化，因此堆栈一般设在 30H～FH 之间较为适宜。

堆栈的设立是为了在中断操作和子程序的调用过程中保存返回地址的，即常说的断点保护和现场保护。微处理器转入子程序或中断服务程序执行前，必须先将现场的数据保存，即将需要保存的数据压入堆栈中保存；执行完后返回主程序时，复原当时的数据，即将保存在堆栈中的数据取出。

51 单片机的堆栈是在 RAM 中开辟的，即堆栈要占据一定的内部 RAM 存储单元。同时堆栈可以由用户设置，SP 的初始值不同，堆栈的位置就不同。堆栈的操作只有两种，即进栈和出栈：数据写入堆栈称为入栈（PUSH），从堆栈中取出数据称为出栈（POP）。堆栈最主要的特征是"后进先出"或"先进后出"，因此不管是向堆栈写入数据还是从堆栈中读出数据，都是对栈顶单元进行操作即最先入栈的数据放在堆栈的底部，而最后入栈的数据放在栈堆的顶部。

堆栈的操作有两种方法：第一种是自动方式，即在中断服务程序响应或子程序调用时，返回地址自动进栈。当需要返回执行主程序时，返回的地址自动交给 PC，以保证程序从断点处继续执行，这种方式是不需要编程人员手动干预的。第二种方式是人工指令方式，使用特定的堆栈操作指令进行进出栈操作，进栈为 PUSH 指令，在中断服务程序或子程序调用时作为现场保护，出栈操作用 POP 指令，用于子程序完成时恢复主程序。

5）数据指针 DPTR（DPH、DPL）

可以用它来访问外部数据存储器中的任一单元，如果不用，也可以作为通用寄存器来用。分成 DPL（低 8 位）和 DPH（高 8 位）两个寄存器。用来存放 16 位地址值，以便用间接寻址或变址寻址的方式对片外数据 RAM 或程序存储器作 64 KB 范围内的数据操作。

6）输入输出口（I/O）寄存器 P0、P1、P2、P3

专用寄存器组中的 P0、P1、P2 和 P3 分别与 I/O 接口 P0～P3 对应，用于 I/O 接口的读/写操作。MCS-51 单片机并没有专门的 I/O 接口操作指令，而是把 I/O 接口也当作一般的寄存器来使用。

7）串行口控制寄存器 SCON

SCON（Serial Control Register）串行口控制寄存器，用于控制串行通信的方式选择、接收和发送，指示串口的状态。SCON 既可以字节寻址，也可以位寻址，其字节地址为 98H，地址位为 98H～9FH。

8）定时器控制寄存器 TMOD

寄存器对（TH0，TL0）、（TH1，TL1）、（TH2，TL2）分别为定时器/计数器 T0、T1、T2 的 16 位计数器寄存器，也可以单独作为一个 8 位的计数器寄存器使用。

9）其他控制寄存器

特殊功能寄存器组中还包含有控制寄存器 IP、IE、TMOD、TCON、SCON、PCON 等，它们分别用于中断系统、定时/计数器、串行通信的控制。具体的应用将在后面各个章节具体介绍。

2.2　单片机的引脚及功能

通过编程可以让每个单片机引脚具有不同的功能，通过连接外围电路，能检测信号的输入及输出。单片机的 40 个引脚大致可分为四类：电源、时钟、控制和 I/O 引脚，如图 2-2 所示。

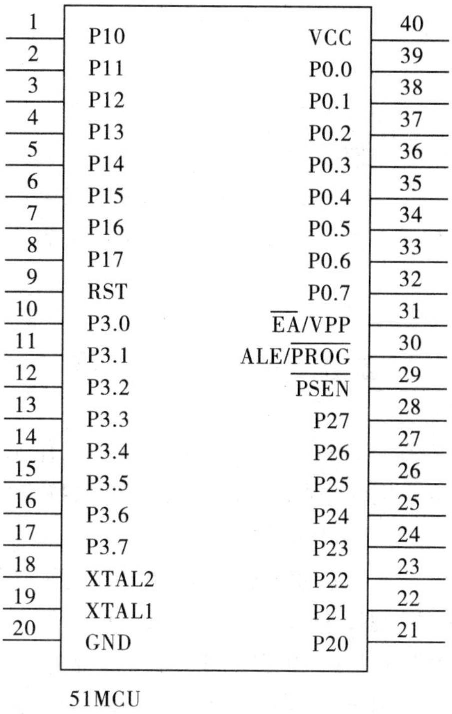

图 2-2　单片机引脚

1. 电源和时钟引脚

电源：芯片电源 VCC，接+5 V，当然也有 3.3 V 供电的芯片。接地端 GND。

时钟：XTAL1、XTAL2 分别是晶体振荡电路反相输入端和输出端。

2. 控制线或其他电源的复用引脚

控制线共有四根。

（1）ALE/$\overline{\text{PROG}}$：地址锁存允许/片内 E²PROM 编程脉冲。其中 ALE 功能：用来锁存 P0 口送出的低 8 位地址。PROG 功能：片内有 E²PROM 的芯片，在 E²PROM 编程期间，此引脚输入编程脉冲。

（2）$\overline{\text{PSEN}}$：外 ROM 读选通信号。

（3）RST：复位信号，至少 2 个机器周期的高电平。其中 RST（Reset）功能：复位信号输入端。VPD 功能：在 VCC 掉电情况下，接备用电源。

（4）$\overline{\text{EA}}$/VPP：内外 ROM 选择/片内 E²PROM 编程电源。其中 EA 功能：内外 ROM 选择端。VPP 功能：片内有 E²PROM 的芯片，在 E²PROM 编程期间，施加编程电源 VPP。

3. 输入/输出引脚

51 单片机共有 4 个 8 位并行 I/O 端口：P0、P1、P2、P3 口，共 32 个引脚。P3 口还具有第二功能，用于特殊信号输入输出和控制信号（属控制总线）。

（1）P0.0～P0.7 是 P0 口，8 位双向口线（在引脚的 39～32 号端子），有三个功能：外部扩展存储器时，作为数据总线或地址总线；不扩展时，可做一般的 I/O 使用，但内部无上拉电阻；作为输入或输出时应在外部接上拉电阻。

（2）P1.0～P1.7 是 P1 口，8 位双向口线（在引脚的 1～8 号端子），只做 I/O 口使用，其内部有上拉电阻。

（3）P2.0～P2.7 是 P2 口，8 位双向口线（在引脚的 21～28 号端子），有两个功能：扩展外部存储器时，当作地址总线使用；做一般 I/O 口使用，其内部有上拉电阻。

（4）P3.0～P3.7 是 P3 口，8 位双向口线（在引脚的 10～17 号端子），有两个功能：做一般 I/O 口使用，其内部有上拉电阻；还有一些特殊功能，由特殊寄存器来设置具体功能。

2.3 时 钟 电 路

51 单片机实质上是一个复杂的同步时序电路，所有工作都是在时钟信号控制下进行的。每执行一条指令，51 单片机的控制器都要发出一系列特定的控制信号，这些控制信号在时间上的相互关系问题就是 51 单片机的时序问题。

如何给 51 单片机提供时序呢？这就需要相关的硬件电路，即振荡器和时钟电路。51 单片机内部有一个高增益反相放大器，该反相放大器用于构成振荡器，但要形成时钟，外部还需要加一些附加电路。单片机的时钟产生有两种方法：内部时钟方式和外部时钟方式。

采用外部时钟方式时，利用外部振荡脉冲接入 XTAL1 或 XTAL2，而 HMOS 型和 CHMOS 型单片机外时钟信号接入方式是不同的，HMOS 型单片机外时钟信号由 XTAL2 引脚注入后直接送至内部时钟电路，引脚 XTAL1 接地。对于 CHMOS 型的单片机，接线方式为外时钟信号接到 XTAL1 而 XTAL2 悬空。

内部时钟方式是我们常用的方式，利用单片机内部的振荡器，在引脚 XTAL1 和 XTAL2 两端接晶振，就构成了稳定的自激振荡器，其发出的脉冲直接送入内部时钟电路。外接晶振时，晶振两端的电容一般选择为 30 pF 左右，这两个电容对频率有微调的作用。晶振的频率范围可在 1～24 MHz 之间选择。为了减少寄生电容，更好地保证振荡稳定和可靠地工作，振荡器和电容应尽可能安装得与单片机芯片靠近，晶振时钟如图 2-3 所示。

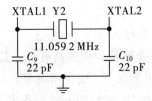

图 2-3　晶振时钟图

对于其他单片机,其振荡电路有内时钟方式和外时钟方式,采用外部时钟源时,接线方式为外时钟信号接到 XTAL1 而 XTAL2 悬空。

计算机是在统一的时钟脉冲控制下按节拍进行工作的。为了便于对 CPU 时序进行分析,我们用定时单位来描述时序,MCS-51 的时序单位分别有时钟周期、状态周期、机器周期和指令周期。

2.3.1　单片机的时序单位

单片机的时序单位有以下几个。

(1)振荡周期:为单片机提供定时信号的振荡源的周期(晶振周期或外加振荡周期)。

(2)状态周期:2 个振荡周期为 1 个状态周期,用 S 表示。振荡周期又称 S 周期或时钟周期。

(3)机器周期:1 个机器周期含 6 个状态周期,12 个振荡周期。

(4)指令周期:完成 1 条指令所占用的全部时间,它以机器周期为单位。外接晶振为 12 MHz 时,51 单片机相关周期的具体值为

A 振荡周期 $=1/12$ μs;

B 状态周期 $=1/6$ μs;

C 机器周期 $=1$ μs;

D 指令周期 $=1\sim4$ μs;

2.3.2　访问外部 ROM 的时序

从外部程序存储器中读取指令的控制信号是 ALE 信号和 PSEN(外部 ROM 读选通脉冲)信号,此外,P0 口和 P2 口也要用到。访问外部 ROM 的时序图如图 2-4 所示,P0 口分时复用作低 8 位地址线和数据总线,P2 口用作高 8 位地址线。在 S2 结束前,出现在 P0 口上的是低 8 位地址信号,之后出现的是指令数据信号;这就要求地址信号与指

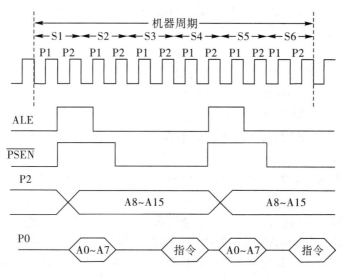

图 2-4　访问外部 ROM 时序图

令数据信号之间有一段缓冲的过渡时间,因此在 S2 期间锁存低 8 位地址信号,由 ALE 信号控制锁存器。P2 口因为只输出高 8 位地址信号,无需分时复用,且在整个机器周期内地址信号有效,故无需锁存。$\overline{PSEN}$低电平有效从 S2P1 开始,直到将地址信号送出并且外部程序存储器的数据读入 51 单片机后方才失效,之后又从 S4P2 开始执行第二个读指令操作。

2.3.3 访问外部 RAM 的时序

图 2-5 为 51 单片机访问外部 RAM 的时序图。从 ROM 中读取需执行的指令后,CPU 对外部数据存储器的访问属于指令的执行周期,对外部数据存储器的访问包括读取数据和写入数据,读和写虽然是两个不同的机器周期,但它们的时序却是相似的,因此只讨论 RAM 的读时序。

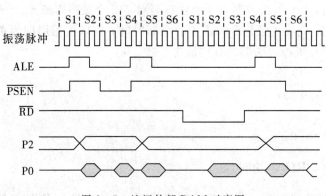

图 2-5 访问外部 RAM 时序图

所用的控制信号包含 ALE 和 RD/WR。P0 口分时复用可作低 8 位地址线和数据总线,P2 口提供高 8 位地址线,在取指阶段传送 ROM 地址和指令,在执行阶段传送 RAM 地址和读写的数据,具体分析如下:

(1) ALE 信号第一次出现到 ALE 信号第二次出现之间,与访问外部 ROM 的过程相同,即 P0 口送出 ROM 单元低 8 位地址,P2 口送出高 8 位地址,并在$\overline{PSEN}$低电平有效时,完成取指操作。

(2) S4 结束后,需访问的 RAM 单元的地址被放到总线上,P0 口传输 RAM 单元的低 8 位地址 A0~A7,P2 口传输高 8 位地址 A8~A15。

(3) 第二个机器周期的第一次 ALE 信号不再出现,$\overline{PSEN}$保持高电平的无效状态,第二个机器周期的 S1P1 时$\overline{RD}$选通脉冲低电平有效,即选通 RAM 芯片,然后从 P0 口读取 RAM 单元的数据。

(4) 第二机器周期的第二次 ALE 信号仍然出现,进行一次外部 ROM 的读操作,但属于无效的读操作。

对外部 RAM 进行写操作时,则应用 WR 选通信号低电平有效来选通 RAM 芯片,将数据通过 P0 口写入外部 RAM 中,其时序与读操作相似。根据图 2-5 所示的时序,对外部 RAM 进行读写时,ALE 信号出现两次后将停发一次,呈现出非周期性,因而不能用来作为其他外设的定时信号。

2.4　单片机的工作方式

2.4.1　复位方式

复位操作是所有的微处理器在启动时都需要的动作，目的是为了使 CPU 及系统各部件处于确定的初始状态，并从初态开始工作。51 系列单片机的复位信号从 RST 引脚输入到芯片内的施密特触发器，在系统处于正常工作状态且振荡器稳定后，复位引脚 RST（全称 RESET）出现两个机器周期以上的高电平信号时，单片机执行复位操作。实际应用中，复位引脚 RST 的高电平应保持 10 ms 以上。如果 RST 持续为高电平，单片机就处于循环复位状态。

根据应用的要求，复位操作通常有两种基本形式：上电复位和手动复位。

51 单片机的上电复位电路如图 2-6 所示，只要在 RST 复位输入引脚上接一个电容至 VCC 端，然后接一个电阻到地即可。对于 CMOS 型单片机，由于在 RST 端内部有一个下拉电阻，故可将外部电阻去掉，而将外接电容减至 1 μF。

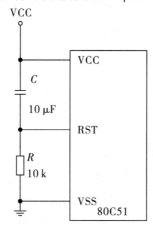

图 2-6　单片机上电复位电路图

上电复位的原理是，在加电时，VCC 通过电容提供给 RST 端一个短暂的高电平信号，此后该高电平信号在 VCC 对电容的充电过程中逐渐回落，即 RST 端的高电平持续时间取决于电容的充电时间。为了保证系统能够可靠地复位，RST 端的高电平信号必须维持足够长的时间。上电时，VCC 的上升时间约为 10 ms，而振荡器的起振时间取决于振荡频率，如晶振频率为 10 MHz，则起振时间为 1 ms；若晶振频率为 1 MHz，则起振时间为 10 ms。

如果系统在上电时得不到有效的复位，则在程序计数器 PC 中将得不到一个合适的初值，因此，CPU 可能会从一个未被定义的位置开始执行程序。

单片机手动复位需要人为在复位输入端 RST 上加入高电平，一般采用的办法是在 RST 端和电源 VCC 之间接一个按键。当按下按键时，VCC 的＋5 V 电平就会直接加到 RST 端，即使人的动作很快，也会使按键保持接通达数十毫秒，能保证满足复位的时间要求。单片机手动复位的电路如图 2-7 所示。

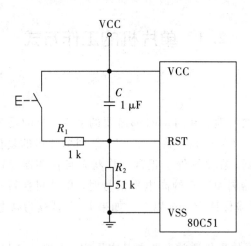

图 2-7　单片机手动复位电路图

　　单片机的复位操作使单片机进入初始化状态，其中包括使程序计数器 PC＝0000H，这表明程序从 0000H 地址单元开始执行。单片机冷启动后，片内 RAM 为随机值，运行中的复位操作不改变片内 RAM 区中的内容和功能。读者应记住一些特殊功能寄存器复位后的主要状态，这对于了解单片机的初态，减少应用程序中的初始化部分是十分必要的。

2.4.2　程序执行方式

　　知道了单片机通过 I/O 口与外设打交道，到底单片机是如何运行程序的？原来单片机和其他微机一样，也拥有一个中央处理器（CPU），它是整个单片机的核心部件，是 8 位数据宽度的处理器，能处理 8 位二进制数据或代码，CPU 负责控制、指挥和调度整个单元系统，完成运算和控制输入输出等操作。它通过单片机的内部总线，将单片机内部的各个部分：程序存储器（ROM）、数据存储器（RAM）、定时/计数器、并行接口、串行接口和中断系统等联系在一起。内部总线有三种：数据总线，专门用来传送数据信息；地址总线专门用来传送地址信息，选中各操作单元；控制总线专门用来传送 CPU 各种控制命令，以便CPU 统一指挥协调工作，完成程序所要执行的各种功能。CPU 执行程序一般包括两个主要过程：

　　（1）从程序存储器中取出指令，指令的地址由 PC 指针提供，在前面我们已经知道，PC 指针在 CPU 取指后会自动加 1，所以 PC 指针总是指向下一个将要取出的指令代码或操作数。这样，就能保证程序源源不断往下执行。

　　（2）执行指令过程，取出的指令代码首先被送到 CPU 的控制器中的指令寄存器中，再通过指令译码器译码变成各种电信号，从而实现指令的各种功能。

2.4.3　低功耗工作方式

　　在以电池供电的系统中有时为了降低电池的功耗在程序不运行时就要采用低功耗方式。低功耗方式有两种即待机方式和掉电方式。低功耗方式是由电源控制寄存器 PCON 来控制的，电源控制寄存器是一个逐位定义的 8 位寄存器。PCON 主要是为 CHMOS 型单片机的电源控制而设置的专用寄存器，单元地址是 87H，其结构格式如表 2-4 所示。

表 2 - 4　PCON 的格式及各标志

PCON	D7	D6	D5	D4	D3	D2	D1	D0
符号	SMOD	SMOD0	LVDF	PF0	GF1	GF0	PD	IDL

PD：掉电模式设定位。

PD＝0 时，表明单片机处于正常工作状态。

PD＝1 时，表明单片机进入掉电（Power Down）模式，可由外部中断或硬件复位模式唤醒，进入掉电模式后，外部晶振停振，CPU、定时器、串行口全部停止工作，只有外部中断工作。

IDL：空闲模式设定位。

IDL＝0 时，表明单片机处于正常工作状态。

IDL＝1 时，表明单片机进入空闲（Idle）模式，除 CPU 不工作外，其余仍继续工作，在空闲模式下可由任一个中断或硬件复位唤醒。

其中，SMOD 为波特率倍增位，在串行通讯时，GF1 为通用标志位 1，GF0 为通用标志位 0。PD 为掉电方式位，PD＝1 时，表明进入掉电方式，IDL 为待机方式位，IDL＝1时，表明进入待机方式，也就是说，只要执行一条指令让 PD 位或 IDL 位为 1 就可以进入低功耗工作方式。那么单片机是如何进入或退出掉电工作方式和待机工作方式的？

1. 待机方式

当使用指令使 PCON 寄存器的 IDL＝1，则进入待机工作方式。此时 CPU 停止工作，但时钟信号仍提供给 RAM、定时器中断系统和串行口。同时，堆栈指针 SP 程序计数器、PC 程序状态字、PSW 累加器、ACC 以及全部的通用寄存器都被冻结起来。单片机的消耗电流从 24 mA 降为 3.7 mA，这样就可以节省电源的消耗。

2. 退出待机方式

退出待机方式可以采用引入中断的方法，在中断程序中安排一条 RETI 的指令就可以了。什么是中断，我们现在还不知道，但是这没关系，其实待机方式和我们使用电脑时的睡眠方式有异曲同工之妙。

3. 掉电方式

当使用指令使 PCON 寄存器的 PD＝1，则进入掉电工作方式，此时单片机的一切工作都停止，只有内部 RAM 的数据被保持下来，掉电方式下电源可以降到 2 V，耗电仅 50 μA，此时就相当于把显示器和硬盘也关闭了。

4. 退出掉电方式

退出掉电工作方式的唯一方法是复位。不过，应在电源电压恢复到正常值后再进行复位。复位时间要大于 1 ms，在进入掉电方式前电源电压是不能降下来的，因此可靠的单片机的电路最好要有电源检测电路。显然，掉电方式和待机方式是两种不同的低功耗工作方式，前者可以在无外部事件触发时降低电源的消耗，而后者则在程序停止运行时才使用。

2.5　单片机最小系统

所谓系统，就是可以独立实现某些特定功能的一个产品。单片机的最小系统，或者称为最小应用系统,是指利用单片机自身的资源,用最少的辅助元件组成一个可以工作的系统。一个单片机,配备必需的外围电路,如复位、晶振等,然后有一个简单的启动程序,即可构成单片机的最小系统。

2.6　本章小结

本章介绍了单片机的硬件结构,并以 51 系列单片机的引脚功能、存储器组织结构、单片机的时序和复位电路及单片机的最小系统为例,对单片机的工作原理进行了介绍。通过学习本章的内容,要求读者能熟悉单片微型计算机的硬件组成并掌握存储器的组织结构。

本章的重点是存储器的组织结构。第一是要理解 51 单片机存储器结构,在物理结构上有四个存储空间,即片内程序存储器、片外程序存储器、片内数据存储器、片外数据存储器,在逻辑上有三个存储空间,即片内外统一编址的 64 KB 的程序存储器地址空间、片内数据存储器的地址空间以及片外 64 KB 数据存储器的地址空间;第二是掌握 51 单片机内部 RAM 的组织、地址分配及寻址;第三是掌握片内外 ROM 访问与电平信号的关系。

2.7　习题与思考

(1) 51 单片机内部包含哪些主要逻辑功能部件?

(2) 51 单片机引脚中有多少 I/O 线? 它们与单片机对外的地址总线、数据总线和控制总线有什么关系? 地址总线和数据总线各是多少位?

(3) 51 单片机有多少个特殊功能寄存器? 它们可以分为几组? 各有什么功能?

(4) 51 单片机的内部数据存储器可以分为哪几个不同的区域? 各有什么特点?

(5) 有哪几种方法使单片机复位? 复位后各寄存器、RAM 中的状态如何?

(6) 决定程序执行顺序的寄存器是哪个? 它是几位的? 它是不是特殊功能寄存器?

第 3 章　单片机 I/O 端口技术及应用

【小明】：老师，在听了您之前讲解的关于单片机的硬件结构以及其工作方式之后，我大体对单片机有了一些了解，但内容很琐碎，需要花很长的时间去记忆……

【老师】：一下子记不住也没有关系。从这一章开始，我们会通过一些实例来详细地介绍单片机的资源及其功能和应用，相应的功能要多想多用，这样就会慢慢熟悉起来。实在想不起来就再去查查，老师经常也是这样子的。（微笑）

【小明】：好的，老师。我又充满了信心了，接下来我们要学习些什么内容呢？

【老师】：你知道交通信号灯（如图 3-1 所示）是如何工作的么？

图 3-1　交通信号灯

【小明】：交通信号灯是将三种颜色的灯按照一定的时间来回切换，是不是用单片机就可以实现？

【老师】：没错，下面我们通过对本章 I/O 的学习并且结合具体实例来了解控制"交通灯"按时间进行亮灭的工作原理吧。

引　言

通常单片机 I/O 端口直接用于连接输入/输出设备，常用的输入/输出设备包括：LED 灯、数码管、矩阵键盘、液晶、LED 矩阵等。本章详细介绍使用 STC89C52 单片机端口控制的两个项目：流水灯和独立按键。

3.1　I/O 端口的基本概念

3.1.1　什么是 I/O 端口

I/O 是 input/output 的缩写，即输入输出端口。每个设备都会有一个专用的 I/O 地址，用来处理自己的输入输出信息。CPU 与外部设备、存储器的连接和数据交换都需要通过接口设备来实现，前者被称为 I/O 接口，后者被称为存储器接口。

3.1.2　I/O 各端口内部结构原理

51 单片机有 4 个双向 8 位 I/O 端口即 P0~P3，P0 口为三态双向端口，负载能力为 8 个 LSTTL 门电路，P1~P3 为准双向端口（用作输入时，端口锁存器必须先写"1"），负载能力为 4 个 LSTTL 门电路，STC89C52 引脚图如图 3-2 所示。

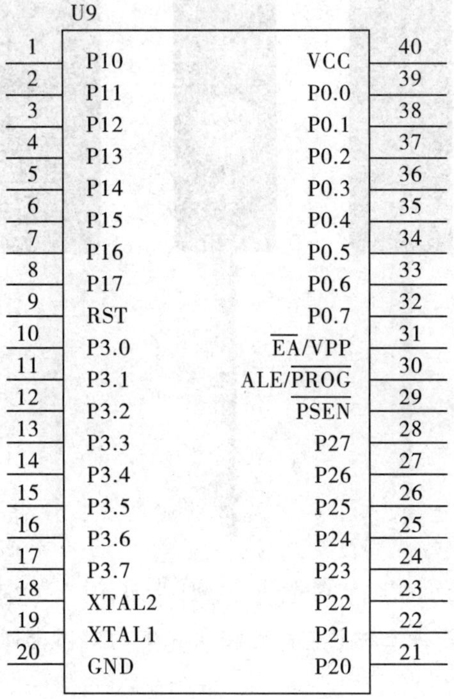

	U9	
1	P10	VCC	40
2	P11	P0.0	39
3	P12	P0.1	38
4	P13	P0.2	37
5	P14	P0.3	36
6	P15	P0.4	35
7	P16	P0.5	34
8	P17	P0.6	33
9	RST	P0.7	32
10	P3.0	$\overline{EA}$/VPP	31
11	P3.1	ALE/$\overline{PROG}$	30
12	P3.2	$\overline{PSEN}$	29
13	P3.3	P27	28
14	P3.4	P26	27
15	P3.5	P25	26
16	P3.6	P24	25
17	P3.7	P23	24
18	XTAL2	P22	23
19	XTAL1	P21	22
20	GND	P20	21

图 3-2　STC89C52 引脚图

1. P0 端口（P0.0~P0.7，32-39 引脚）

P0 口由八个引脚组成，每个引脚可以带动八个 TTL 负载。通过该端口的低八位地址总线与数据总线共同占用的方式，来获取外部设备发出的信息。可作为外部程序的存储器，也是一种双向 I/O 口。

图 3-3 为 P0 端口结构图，包括 1 个输出锁存器、1 个输出驱动电路、1 个输出控制端和 2 个三态缓冲器，输出驱动电路由一对场效应管组成，其工作状态由输出控制端控制，

它包括 1 个与门、1 个反相器和 1 个转换开关 MUX。

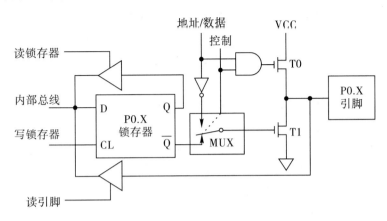

图 3 - 3　P0 端口结构

(1) P0 口作地址/数据复用总线使用时，若从 P0 口输出地址或数据信息，此时控制端应为高电平，转换开关 MUX 将反相器输出端与输出级 T1 管接通，同时与门开锁，内部总线上的地址或数据信号通过与门去驱动 T0 管，又通过反相器去驱动 T1 管，这时内部总线上的地址或数据信号就传送到 P0 口的引脚上；若从 P0 口输入指令或数据时，引脚信号应从输入三态缓冲器进入内部总线。

(2) P0 口作通用 I/O 口使用时，对于有内部 ROM 型的单片机，P0 口也可以作通用 I/O口，此时控制端为低电平，转换开关把输出级与锁存器的 Q 端接通，同时因与门输出为低电平，输出级 T0 管处于截止状态，输出级为漏极开路电路，在驱动 NMOS（N 型金属-氧化物-半导体)电路时应外接上拉电阻；用作输入口时，应先将锁存器写"1"，这时输出级两个场效应管均截止，可作高阻抗输入，通过三态输入缓冲器读取引脚信号，从而完成输入操作。

2. P1 端口(P1.0~P1.7, 1 - 8 引脚)

自带上拉电阻的双向 I/O 口，用户可用来作为输入输出的端口。

(1) P1 端口作通用 I/O 口使用时，P1 端口是一个有内部上拉电阻的准双向口，P1 端口结构如图 3-4 所示，P1 口的每一位口线都能独立地用作输入线或输出线。作输出时，

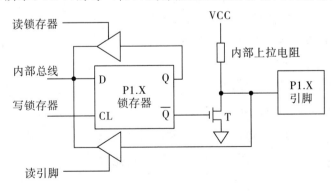

图 3 - 4　P1 端口结构

将"1"写入锁存器，使输出级的场效应管截止，输出线由内部上拉电阻提升为高电平，输出为"1"；将"0"写入锁存器，场效应管导通，输出线为低电平，即输出为"0"。作输入时，必须先将"1"写入锁存器，使场效应管截止。该口线由内部上拉电阻提拉成高电平，同时也能被外部输入源拉成低电平，即当外部输入"1"时，该口线为高电平，而输入"0"时，该口线为低电平。P1 端口作输入时，可被任何 TTL 电路和 MOS 电路所驱动，由于具有内部上拉电阻，也可以直接被集电极开路和漏极开路电路所驱动，不必外加上拉电阻。P1 端口可驱动 4 个 LSTTL 门电路。

（2）P1 端口在 $E^2 PROM$ 编程和验证程序时，它输入低 8 位地址；在 8032/8052 系列中，P1.0 和 P1.1 是多功能的，P1.0 可作定时/计数器 2 的外部计数触发输入端 T2，P1.1 可作定时/计数器 2 的外部控制输入端 T2EX。

3. P2 端口（P2.0～P2.7, 21-28 引脚）

具有 8 位双向 I/O 口，4 个 TTL 门电流。P2 端口结构如图 3-5 所示，引脚上拉电阻同 P1 端口。在结构上，P2 比 P1 口多一个输出控制部分。

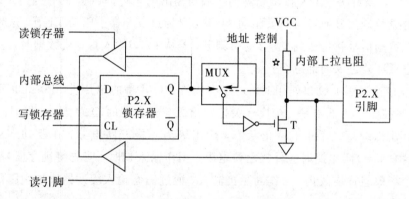

图 3-5 P2 端口结构

（1）当 P2 口作通用 I/O 端口使用时，是一个准双向端口，此时转换开关 MUX 倒向左边，输出级与锁存器接通，引脚可接 I/O 设备，其输入输出操作与 P1 端口完全相同。

（2）P2 端口作地址总线端口使用，当系统中接有外部存储器时，P2 端口用于输出高八位地址 A15～A8。这时在 CPU 的控制下，转换开关 MUX 倒向右边，接通内部地址总线，P2 端口的端口线状态取决于片内输出的地址信息，这些地址信息来源于 PCH（PC 总线的高 8 位）、DPH 等。在外接程序存储器的系统中，由于访问外部存储器的操作连续不断，P2 端口不断送出地址高八位，例如在 8031 构成的系统中，P2 口一般只作地址总线口使用，不再作 I/O 端口直接连外部设备。

4. P3 端口（P3.0～P3.7, 10-17 引脚）

具有 8 位双向 I/O 口，能够接收输出 4 个 TTL 门电流。P3 口是一个多用途的端口，也是一个准双向口，可以同 P1 端口一样作为第一功能口，也可以每一位独立定义为第二功能。P3 端口的结构如图 3-6 所示。

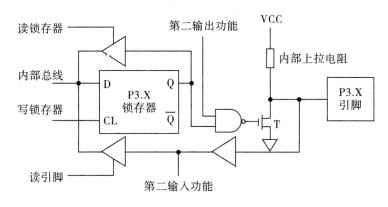

图 3-6　P3 端口结构

（1）P3 端口作通用 I/O 口使用时，输出功能控制线为高电平，与非门的输出取决于锁存器的状态，此时锁存器 Q 端的状态与其引脚状态是一致的。在这种情况下，P3 端口的结构和操作与 P1 端口相同。

（2）P3 端口的第二功能实际上就是系统具有控制功能的控制线。此时相应的口线锁存器必须为"1"状态，与非门的输出由第二功能输出线的状态确定，从而 P3 口线的状态取决于第二功能输出线的电平。在 P3 端口的引脚信号输入通道中有 2 个三态缓冲器，第二功能的输入信号取自第一个缓冲器的输出端，第二个缓冲器仍是第一功能的读引脚信号缓冲器。P3 端口可驱动 4 个 LSTTL 门电路。P3 口的第二功能定义如表 3-1所示。

表 3-1　P3 口的第二功能定义

引脚编号	名称	引脚功能
P3.0 端口（10）	RXD	串行通信输入口
P3.1 端口（11）	TXD	串行通信输出口
P3.2 端口（12）	$\overline{INT0}$	接低电平，外部中断 0
P3.3 端口（13）	$\overline{INT1}$	接低电平，外部中断 1
P3.4 端口（14）	T0	计时器 0 的外部计数输入端
P3.5 端口（15）	T1	计时器 1 的外部计数输入端
P3.6 端口（16）	$\overline{WR}$	外部数据存储器写选通
P3.7 端口（17）	$\overline{RD}$	外部数据存储器读选通

3.2　基于 I/O 端口的流水灯软硬件设计

3.2.1　任务要求

基于 I/O 端口的流水灯软硬件设计的任务要求包括：

（1）掌握单片机最小系统的构成；

（2）掌握 I/O 端口的使用及驱动能力的概念；

（3）熟悉移位指令和软件延时程序；

（4）利用 P1 端口作输出口，接八个发光二极管，使得发光二极管从右到左轮流循环点亮。

3.2.2 系统设计

根据系统要求画出基于 STC89C52 单片机的控制 LED(Light Emitting Diode，发光二极管)灯的控制框图，如图 3-7 所示。整个系统包括 STC89C52 单片机、晶振电路、复位电路、电源电路和 8 个 LED 流水灯电路。

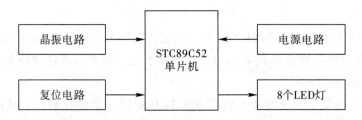

图 3-7　基于 STC89C52 单片机的控制发光二极管灯的控制框图

3.2.3 硬件设计

单片机实质上是一个硬件处理器芯片，在实际应用中，通常很难直接和被控对象进行电气连接，必须外加各种扩展接口电路、外部设备、被控对象等硬件和软件，才能构成一个单片机应用系统。本设计以 STC89C52 单片机为主控单元。根据图 3-7，可以设计出单片机控制 LED 灯的硬件电路图，如图 3-8 所示，其中 STC89C52 单片机原理图如图 3-8(a)所示；LED 流水灯原理图如图 3-8(b)所示；STC89C52 复位电路原理图如图 3-8(c)所示；STC89C52 电源电路原理图如图 3-8(d)所示；STC89C52 晶振电路原理图如图 3-8(e)所示。

3.2.4 软件设计

基于 I/O 端口的流水灯程序设计流程图如图 3-9 所示，首先对 LED 灯进行初始化，给一个初值，点亮第一个 LED 灯(对应 D2)，接着延迟 200 ms，点亮第二个 LED 灯(对应 D3)，然后再延迟 200 ms，以此类推，顺序点亮 8 个 LED 灯，最后从第一个灯再次循环点亮。

下面我们用 C 语言程序为各个端口赋值，来控制 P1.0～P1.7 的发光二极管的亮与灭，我们将初始值 111111 赋值给 led，并将 led 赋值给 P1.0 端口，然后每隔 200 ms，LED 左移一位改变 P1.1 端口，实现 P1.0 端口的灭和 P1.1 端口的亮，其他几个端口按此方法依次执行，实现各个端口依次亮与灭，做流水工作。当 P1.7 端口灭时，led 又变回 111110，完成流水灯的循环工作。

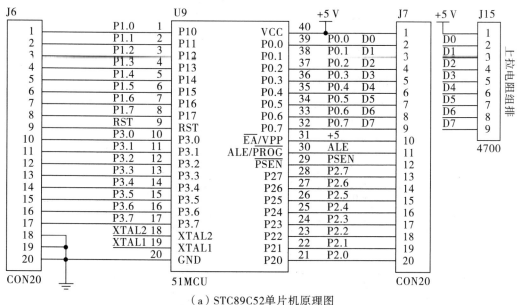

（a）STC89C52单片机原理图

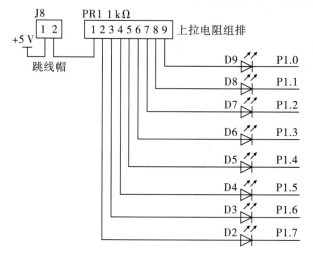

（b）LED流水灯原理图

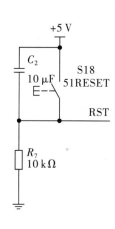

（c）STC89C52复位电路原理图

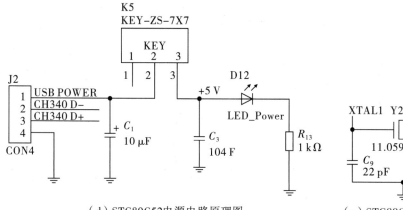

（d）STC89C52电源电路原理图　　　　（e）STC89C52晶振电路原理图

图 3-8　单片机控制 LED 灯的硬件电路图

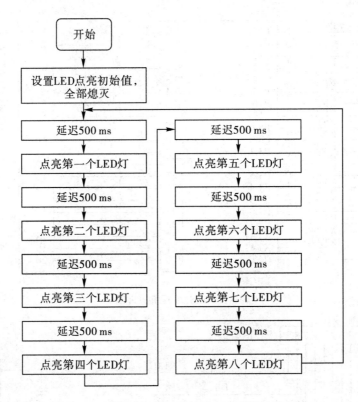

图 3-9　基于 I/O 端口的流水灯程序设计流程图

程序如下：

```
#include<reg52.h>          //头文件，定义单片机的一些特殊功能寄存器
#define LED P1；            //定义端口名称，高电平灭，低电平亮
/ * * * * * * * * * * * * * * * * * * * * * * * * * * * * * * * * * * * * * * * *
函数名：      delay_ms
作用：       延迟函数，毫秒
参数说明：    ms 代表延时 ms 个毫秒
返回值：      无
 * * * * * * * * * * * * * * * * * * * * * * * * * * * * * * * * * * * * * * * * /
void delay_ms(unsigned char ms)   //定义延时函数
{
  unsigned char i；
  while(ms——)
  for(i=0；i<124；i++)；         //延时 1ms
}
void main（ ）
{
  while（1）
  {
    LED=0xfe；                //点亮第一盏灯，关闭其他灯 11111110
    delay_ms(200)；          //延迟 200 ms
```

```
        LED=0xfd;                    //点亮第二盏灯，关闭其他灯 11111101
        delay_ms(200);               //延迟 200 ms
        LED=0xfb;                    //点亮第三盏灯，关闭其他灯 11111011
        delay_ms(200);               //延迟 200 ms
        LED=0xf7;                    //点亮第四盏灯，关闭其他灯 11110111
        delay_ms(200);               //延迟 200 ms
        LED=0xef;                    //点亮第五盏灯，关闭其他灯 11101111
        delay_ms(200);               //延迟 200 ms
        LED=0xdf;                    //点亮第六盏灯，关闭其他灯 11011111
        delay_ms(200);               //延迟 200 ms
        LED=0xbf;                    //点亮第七盏灯，关闭其他灯 10111111
        delay_ms(200);               //延迟 200 ms
        LED=0x7f;                    //点亮第八盏灯，关闭其他灯 01111111
        delay_ms(200);               //延迟 200 ms
    }
}
```

系统调试：

（1）硬件调试主要是把电路各种参数调整到符合设计要求。先排除硬件电路故障，包括设计性错误和工艺性故障。一般原则是先静态后动态。利用万用表或逻辑测试仪器，检查电路中的各器件以及引脚是否连接正确，是否有短路故障。然后要将单片机 STC89C52 芯片取下，对电路板进行通电检查，通过观察看是否有异常，然后用万用表测试各电源电压，检查各接口线路是否正常。对 LED 电路的每一个灯通电，检查是否亮起；检查时钟模块电路中各元器件的连接，确认其是否存在短路、断路问题。

（2）软件调试一般分为以下三个阶段：① 编写程序并查错；② 对程序进行编译链接，并及时发现程序中存在的错误；③ 改正错误。

（3）联机调试就是在硬件、软件单独调试后，即可进行硬件、软件联合调试，找出硬件、软件之间不匹配的地方。

说明：系统调试部分的内容和步骤与后面章节中涉及的各模块软硬件设计部分大同小异，后面章节就不再赘述。

3.3　基于 I/O 端口的独立按键软硬件设计

3.3.1　任务要求

基于 I/O 端口的独立按键软硬件设计的任务要求包括：

（1）通过 I/O 引脚设计独立按键控制 LED 灯的硬件电路；

（2）编写程序通过独立键盘对 LED 灯进行控制，每按一次按键时，LED 灯亮灭变化一次；

（3）下载程序到单片机中，运行程序观察结果并进行软硬件的联合调试。

3.3.2　系统设计

根据任务要求画出基于 STC89C52 单片机的独立按键控制 LED 的控制框图，如图 3-10 所示。

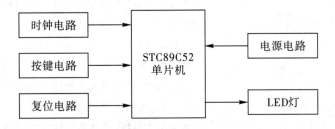

图 3-10　基于 STC89C52 单片机的独立按键控制 LED 的控制框图

3.3.3　硬件设计

根据图 3-10 设计出独立按键控制 LED 灯的硬件电路图，其中 STC89C52 单片机及晶振电路、流水灯电路以及复位电路分别如图 3-8(a)、图 3-8(e)、图 3-8(b)及图 3-8(c)所示，独立按键电路原理图如图 3-11 所示。

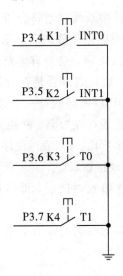

图 3-11　独立按键电路原理图

3.3.4　软件设计

软件设计包括：

（1）上电初始化后便循环调用各类程序。在循环的过程中还可能因中断而执行中断服务程序。

（2）在键盘的软件设计中还要注意按键的去抖动问题。由于按键一般是由机械式触点构成的，在按键按下和断开的瞬间均有一个抖动过程，时间大约为 5 ms ~ 10 ms，可能会造成单片机对按键的误识别。物理按键抖动波形图如图 3-12 所示。

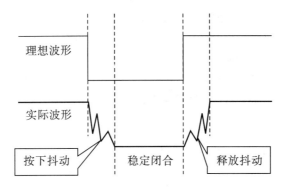

图 3-12　物理按键抖动波形图

按键消抖一般有两种方法，即硬件消抖法和软件消抖法，分别如图 3-13、图 3-14 所示。

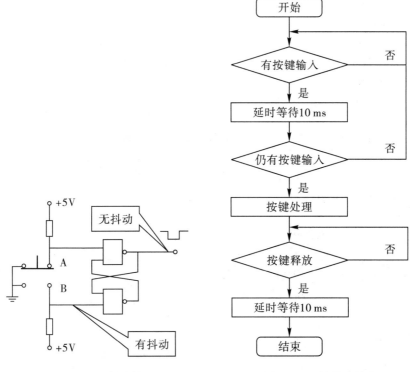

图 3-13　硬件消抖法　　　　　　图 3-14　软件消抖法

在软件设计中，当单片机检测到有键按下时，可以先延时一段时间，越过抖动过程再对按键识别。实际应用中，一般希望按键一次按下单片机只处理一次，但由于单片机执行程序的速度很快，按键一次按下可能被单片机多次处理。为避免此问题，可在按键第一次按下时，延时 10 ms 之后再次检测按键是否按下，如果此时按键仍然按下，则确定有按键输入。这样便可以避免按键的重复处理。

程序如下：

```
#include<reg52.h>//定义单片机的一些特殊功能寄存器
sbit key1=P3^4;//按键定义
typedef unsigned char unchar
```

```
static unchar flag=0;  //0 代表灯亮，1 代表灯灭
/* * * * * * * * * * * * * * * * * * * * * * * * * * * * * * * * * * * * *
函数名：        delay_ms
作用：          延迟函数，毫秒
参数说明：      ms 代表延时 ms 个毫秒
返回值：        无
   * * * * * * * * * * * * * * * * * * * * * * * * * * * * * * * * * * * */
void delay_ms(unchar ms)        //定义延时函数
{
    unchar i;                   //变量定义
    while(ms——)
    for(i=0;i<124;i++);         //延时 1ms
}
void main ( )                   //主函数
{
    P1=0;                       //点亮灯
    flag=0;
    while(1)
    {
        if(key1==0)             //判断按键 key1 是否按下
        {
            delay_ms(10);
            if(key1==0)         //去抖动
            {
                if(flag==0)     //灯亮
                {
                    P1=1;       //灯灭
                    flag=1;
                }
                else
                {
                    P1=0;       //灯亮
                    flag=0;
                }
            }
        }
    }
}
```

3.4　本 章 小 结

在本章中，我们讨论了以下知识点：

（1）对 51 单片机的 I/O 端口相关概念进行详细说明；

（2）介绍了基于 STC89C52 单片机 I/O 端口控制的两个项目案例：流水灯和独立按键，并详细分析了任务的软硬件设计方案和流程，最后给出了案例的调试方法和步骤。

3.5　习　题　与　思　考

（1）51 单片机的引脚中有多少根 I/O 线？它们与单片机对外的地址总线和数据总线之间有什么关系？其地址总线和数据总线各有多少位？对外可寻址的地址空间有多大？

（2）51 单片机中无 ROM 型单片机，在应用中 P2 口和 P0 口能否直接作为输入输出口，为什么？

（3）单片机的 P0~P3 端口进行输入时为什么要设置为 1？

（4）双向口与准双向口有什么区别？

（5）在使用外部程序存储器时，51 单片机还有多少 I/O 口线可用？

第4章　单片机显示接口技术及应用

【小明】：老师、老师，我们班篮球比赛又赢了，这是我们的现场照片。

【老师】：（看照片）打得不错，祝贺你们。（指）那你知道篮球比赛中计时器上和记分牌（如图 4-1 所示）上的数字是如何显示上去的么？

图 4-1　计时器和记分牌

【小明】：数字电路老师曾经讲过，好像是 LED 通过高低电平来控制。这个也能用单片机来实现？

【老师】：当然可以。使用单片机不仅可以显示数字，配合相应的显示器件还可以显示英文字母甚至汉字。

引　言

在单片机应用系统中，为了观察单片机的运行情况，通常采用显示器作为其输出设备，用于显示输入键值、中间信息及运算结果等。常用的显示器有发光数码管显示器（简称 LED）和液晶数码管显示器（简称 LCD），它们都具有耗电少、线路简单、安装方便、耐振动等优点。两者相比，LED 价格更低廉，LCD 功耗更低。本章将分别介绍 LED 显示器和 LCD 显示器。

4.1　LED 显示器及其接口

4.1.1　LED 显示器结构与原理

LED 显示器是由发光二极管显示字段组成的显示器件。在单片机应用系统中通常使用的是七段 LED。这种显示器有共阴极和共阳极两种，如图 4-2 所示。共阴极 LED 显示器的结构如图 4-2(a)所示。其阴极并接在一起，构成公共端，由阳极控制字段点亮或熄灭。当发光二极管的阳极为高电平时，发光二极管点亮。共阳极 LED 显示器的结构如图 4 2(b)所示。其阳极并接在一起，作为公共选通端，由阴极控制字段点亮或熄灭。当发光二极管的阴极为低电平时，发光二极管点亮。在应用中，公共端用于控制某一位显示器是否选通，也称为选通端。

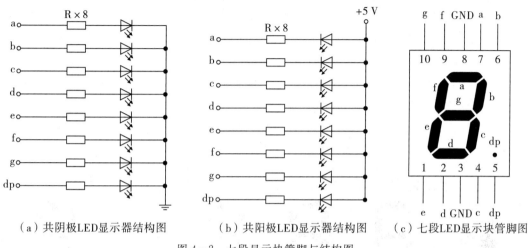

（a）共阴极LED显示器结构图　　　（b）共阳极LED显示器结构图　　　（c）七段LED显示块管脚图

图 4-2　七段显示块管脚与结构图

通常的七段 LED 显示器中有八个发光二极管，其中七个发光二极管构成七笔字形"8"，一个发光二极管构成小数点。七段 LED 显示块的管脚如图 4-2(c)所示。从 g～a 管脚输出一个八位二进制码，可显示对应字符。譬如，在共阴极显示器上显示字符"1"，应是 b、c 段点亮，其他段熄灭，对应的二进制码为 00000110(6H)。通常把显示一个字符对应的八位二进制码称为段码。共阳极与共阴极的段码互为反码，如表 4-1 所示。

表 4-1　七段 LED 的段选码

显示字符	共阴极段选码	共阳极段选码	显示字符	共阴极段选码	共阳极段选码
0	3FH	C0H	C	39H	C6H
1	06H	F9H	D	5EH	A1H
2	5BH	A4H	E	79H	86H
3	4FH	B0H	F	71H	8EH
4	66H	99H	P	73H	8CH
5	6DH	92H	U	3EH	C1H
6	7DH	82H	Γ	31H	CEH
7	07H	F8H	y	6EH	91H
8	7FH	80H	8	FFH	00H
9	6FH	90H	"灭"	00H	FFH
A	77H	88H			
B	7CH	83H			

4.1.2　LED 显示器接口

在单片机应用系统中可利用 LED 显示器灵活地构成所要求位数的显示器。

N 位 LED 显示器有 N 根位选线和 8×N 根段码线。根据显示方式的不同,可分为 LED 静态显示接口和 LED 动态显示接口。

1. LED 静态显示接口

LED 工作在静态显示方式下,共阴极接地或共阳极接+5 V;每一位的段选线(a～g、dp)与一个 8 位并行 I/O 口相连,如图 4-3 所示。该图表示了一个 4 位静态 LED 显示器电路,显示器的每一位可独立显示,只要在该位的段选线上保持段选码电平,该位就能保持相应的显示字符。由于每一位由一个 8 位输出口控制段选码,故在同一时刻各位可以显示不同的字符。N 位静态显示器要求有 N×8 根 I/O 口线,占用 I/O 口线较多。故在位数较多时往往采用动态显示方式。

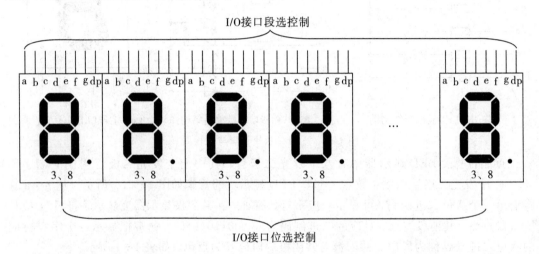

图 4-3 LED 静态显示接口示例

2. LED 动态显示接口

LED 动态显示是将所有位的段码并接在一个 I/O 口上,共阴极端或共阳极端分别由相应的 I/O 口线控制。图 4-4 是一个 8 位 LED 动态显示器接口示意图。

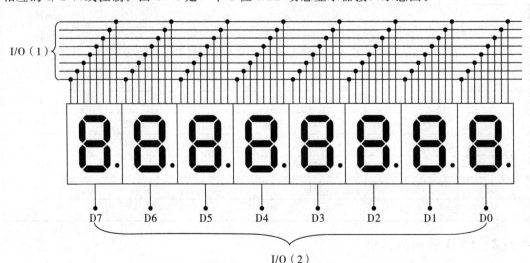

图 4-4 8 位 LED 动态显示器接口示意图

由于每一位的段码线都接在一个 I/O 口上,所以每送一个段码,如果公共端不受控制,则 8 位就显示同一个字符,这种显示器是无应用价值的。解决此问题的方法是利用人的视觉滞留,从段码 I/O 口上按位次分别送显示字符的段码,在位控制口也按相应的次序分别选通对应的位(共阴极低电平选通,共阳极高电平选通),选通位就显示相应字符,并保持几毫秒的延时,未选通位不显示字符(保持熄灭)。这样,对各位显示就是一个循环过程。从计算机的工作来看,在一个瞬时只有一位显示字符,而其他位都是熄灭的,但因为人的视觉滞留,这种动态变化是察觉不到的。从效果上看,各位显示器能连续而稳定的显示不同的字符。这就是动态显示。

4.2 基于数码管数据显示的软硬件设计

4.2.1 任务要求

控制开发板 8 位数码管,显示学号后 8 位如:90105006。

4.2.2 系统设计

根据系统要求画出基于 STC89C52 单片机的 LED 显示器控制框图如图 4-5 所示。整个系统包括 STC89C52 单片机、晶振电路、复位电路电源、74HC573 和 LED 显示电路。

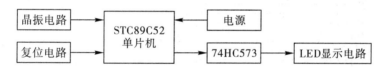

图 4-5 基于 STC89C52 单片机的 LED 显示器控制框图

74HC573 是一款常用的地址锁存器芯片,其结构如图 4-6 所示。由八个并行的、带三态缓冲输出的 D 触发器构成。在单片机系统 LED 显示电路和扩展外部存储器的电路中,通常需要一块 74HC573 芯片。

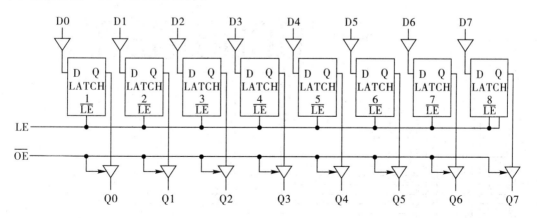

图 4-6 74HC573 内部结构及引脚信号

1D～8D 为 8 个输入端。

1Q～8Q 为 8 个输出端。

　　LE 是数据锁存控制端；当 LE＝1 时，锁存器输出端同输入端；当 LE 由 1 变为 0 时，数据输入锁存器中，在 LE 不发生变化的状态下，当前锁存的数据被保持。

　　$\overline{\text{OE}}$为输出允许端；当$\overline{\text{OE}}$＝0 时，三态门打开；当$\overline{\text{OE}}$＝1 时，三态门关闭，输出呈高阻状态。

4.2.3　硬件设计

　　根据图 4-5 设计的 STC89C52 单片机控制 LED 数码管显示的硬件电路图如图 4-7 所示，其中 STC89C52 单片机、晶振电路以及复位电路分别如图 3-8(a)、图 3-8(e)及图 3-8(c)所示。

　　数码管显示有静态显示和动态显示两种，静态显示即对数码管的每一段进行编码控制，以达到显示指定数字的目的。动态显示即通过锁存的方法，利用人的视觉暂留，通过有限的单片机 I/O 口显示更多的数码管。

　　如图 4-7，利用两个锁存器分别控制数码管的段选和位选，即利用了有限的 I/O 口资源实现了控制多个数码管动态扫描显示的功能。

　　注：74HC573 的 D0～D7 口分别接在单片机的 I/O 口上。

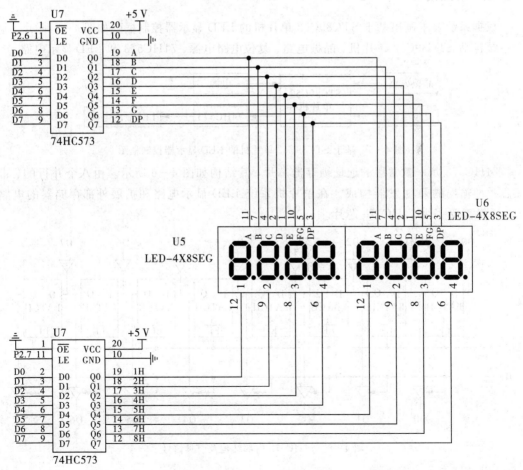

图 4-7　STC89C52 单片机控制 LED 数码管显示硬件电路图

4.2.4　软件设计

单片机上电后，首先发送位选信号，选择第 0 位数码管，然后发送段码，最后延时、消隐，这样就完成了第 0 位的数值显示。接下来用同样的方法选择第 1 位进行显示。以此类推，当第 7 位显示完成后，再从第 0 位开始显示。

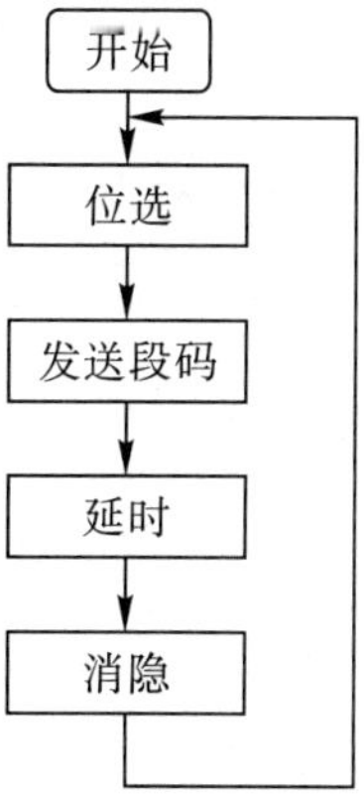

基于 LED 的学号显示程序设计流程图如图 4 - 8 所示。

程序如下：

图 4 - 8　基于 LED 的学号显示程序设计流程图

```
#include "reg52.h"
typedef unsigned int u16;
typedef unsigned char u8;
sbit LSA=P2^2;
sbit LSB=P2^3;
sbit LSC=P2^4;
u8 code smgduan[17]={0x3f, 0x06, 0x5b, 0x4f, 0x66, 0x6d, 0x7d, 0x07, 0x7f, 0x6f, 0x77,
                     0x7c, 0x39, 0x5e, 0x79, 0x71}; //显示 0～F 的值
/* * * * * * * * * * * * * * * * * * * * * * * * * * * * * * * * * * * *
* 函数名              : delay
* 函数功能            : 延时函数，i=1 时，约延时 10 μs
* * * * * * * * * * * * * * * * * * * * * * * * * * * * * * * * * * * */
void delay(u16 i)
{
    while(i--);
}


/* * * * * * * * * * * * * * * * * * * * * * * * * * * * * * * * * * * *
函数名               : DigDisplay
函数功能             : 数码管动态扫描函数，循环扫描 8 个数码管显示
输入                 : 无
输出                 : 无
* * * * * * * * * * * * * * * * * * * * * * * * * * * * * * * * * * * */
void DigDisplay()
{
    u8 i;
    for(i=0; i<8; i++)
    {
        switch(i) //位选，选择点亮的数码管
        {
            case(0):
                LSA=0; LSB=0; LSC=0; break; //显示第 0 位
            case(1):
                LSA=1; LSB=0; LSC=0; break; //显示第 1 位
```

```
            case(2)：
                LSA=0；LSB=1；LSC=0；break；    //显示第 2 位
            case(3)：
                LSA=1；LSB=1；LSC=0；break；    //显示第 3 位
            case(4)：
                LSA=0；LSB=0；LSC=1；break；    //显示第 4 位
            case(5)：
                LSA=1；LSB=0；LSC=1；break；    //显示第 5 位
            case(6)：
                LSA=0；LSB=1；LSC=1；break；    //显示第 6 位
            case(7)：
                LSA=1；LSB=1；LSC=1；break；    //显示第 7 位
        }
        P0=smgduan[i]；    //发送段码
        delay(100)；        //间隔一段时间扫描
        P0=0x00；           //消隐
    }
}
/* * * * * * * * * * * * * * * * * * * * * * * * * * * * * * * * * * * * * * *
函数名          ：main
函数功能        ：主函数
输入            ：无
输出            ：无
* * * * * * * * * * * * * * * * * * * * * * * * * * * * * * * * * * * * * * */
void main()
{
    while(1)
    {
        DigDisplay()；    //数码管显示函数
    }
}
```

注意事项：

数码管显示不正常通常有以下几种现象。

（1）完全不显示；

（2）显示部分段码；

（3）显示部分位码；

（4）显示闪烁；

（5）以上几种综合。

解决办法及步骤如下。

（1）确定数码管是共阴还是共阳；

（2）检查数码管每段是否完好。

如果上面两条没问题，则解决办法如下。

（1）若完全不显示，则检查电压是否加反，共阴的位选送低电平，共阳的位选送高电平。

（2）若某一位只显示部分段，则检查程序所送段码是否正确，注意共阴的段选送高电平，共阳的段选送低电平。

（3）若有一位或几位完全不显示，则有两种解决方法。

① 若静态显示（所有位显示一样的数），则只需检查程序这几位送的电平是否正确；

② 若动态显示（扫描显示不同的数）并且数字滚动显示或闪烁，则动态扫描速度过慢，应减少延时，加快扫描。

4.3 LCD 显示器及其接口

4.3.1 LCD 显示器结构与原理

字符型液晶显示器上常采用内置式 HD44780 驱动控制器的集成电路。下面针对含有 HD44780 驱动控制器的 LCD1602 介绍字符型液晶显示模块的组成和工作原理。

下面我们按照 HD44780 集成电路的内部结构来分析 HD44780 中各功能框的工作原理。

（1）数据显示 RAM(DDRAM，Data Display RAM)。这个存储器是用来存放所要显示的数据，只要将标准的 ASCII 码放入 DDRAM 中，内部控制电路就会自动将数据传送到显示器上，例如只要将 ASCII 码 43H 存入 DDRAM 中就可以让液晶显示器显示字符"C"了。DDRAM 有 80 比特空间，总共可显示 80 个字（每个字为 1 个比特），其存储地址及实际显示位置的排列顺序与字符型液晶显示模块的型号有关，例如，16 字×1 行的字符型液晶显示模块的显示地址从 00H 到 0FH；第二行的地址从 40H 到 4FH；图 4-9 给出了 LCD1602 型液晶显示模块与存储地址之间的这种对应关系。

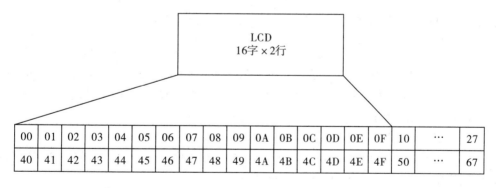

图 4-9 LCD1602 液晶显示模块位置、地址之间的对应关系

（2）字符产生器 ROM(CGROM，Character Generator ROM)。这个存储器储存了 192 个 5×7 点阵字形，CGROM 中的字形要经过内部线路的转换才会传到显示器上，只能读出不能写入。字符或字符的排列方式与标准 ASCII 码相同，例如，字符码 31H 表示字符"1"，字符码 43H 表示字符"C"。

（3）字符产生器 RAM(CGRAM，Character Generator RAM)。这个存储器是供用户储存自己设计的特殊字符码的 RAM，CGRAM 共有 512 位（64×8 位）。一个 5×7 点阵字

形实际使用 8×8 位，所以 CGRAM 最多可存 8 个字符。

（4）指令寄存器（IR，Instruction Register）。指令寄存器负责储存微处理器写给字符型液晶显示模块的指令码。当微处理器要发一个命令到 IR 指令寄存器时，必须要控制字符型液晶显示模块的 RS、R/W 与 E 这三个引脚，当 RS 及 R/W 的引脚信号为低电平"0"，E 引脚信号由高电平"1"变为低电平"0"时，DB0～DB7 引脚上的数据就会存入 IR 指令寄存器中。

（5）数据寄存器（DR，Data Register）。数据寄存器负责存储微处理器要写到 CGRAM 或 DDRAM 的数据，或者存储微处理器要从数据显示 RAM（DDRAM）读出的数据，因此数据寄存器（DR）可视为一个数据缓冲区，它是由字符型液晶显示模块的 RS、R/W 与 E 三个引脚来控制的。当 RS 与 R/W 引脚信号为 1，E 引脚信号由"1"变为"0"时，字符型液晶显示模块会将 DR 数据寄存器内的数据从 DB0～DB7 输出，以供读取；当 RS 引脚信号为 1，R/W 引脚信号为"0"，E 引脚信号由"1"变为"0"时，就会把 DB0～DB7 引脚上的数据存入数据寄存器。

（6）忙碌信号（BF，Busy Flag）。忙碌信号的作用是告诉微处理器，字符型液晶显示模块内部是否正忙着处理数据，当 BF＝1 时，表示字符型液晶显示模块内部正在处理数据，不能接收微处理器送来的指令或数据。字符型液晶显示模块设置 BF 是因为微处理器处理一个指令的时间很短，所以微处理器要写数据或指令到字符型液晶显示模块之前，必须先查看 BF 是否为 0。

（7）地址计数器（AC，Address Counter）。地址计数器的作用是负责记录写到 CGRAM 或 DDRAM 数据的地址，或从 DDRAM 或 CGRAM 读出数据的地址。使用地址设定指令写到指令寄存器后，地址数据会经过指令解码器（Instruction Decoder）存入地址计数器中。当微处理器从 DDRAM 或 CGRAM 读取数据时，地址计数器按照微处理器对字符型液晶显示模块的设定值自动地进行修改。

4.3.2 LCD 显示器接口

在设计字符型 LCD 与单片机的接口电路时，一般是将 LCD 与单片机的并行 I/O 口连接，通过并行 I/O 口产生 LCD 的控制信号，输出相应命令，控制 LCD 实现显示要求。

LCD1602 采用标准的 14 脚（无背光）或 16 脚（有背光）接口，各引脚接口说明如下：

（1）VSS 接电源地；

（2）VCC 接＋5 V；

（3）VEE 是液晶显示的偏压信号，可调节液晶对比度，也可接 10K 的 3296 精密电位器，或同样阻值的 RM065/RM063 蓝白可调电阻；

（4）RS 是命令/数据选择引脚，接单片机的一个 I/O 口，当 RS 为低电平时，选择命令；当 RS 为高电平时，选择数据；

（5）R/W 是读/写选择引脚，接单片机的一个 I/O 口，当 RW 为低电平时，向 LCD1602 写入命令或数据；当 RW 为高电平时，从 LCD1602 读取状态或数据。如果不需要进行读取操作，可以直接将其接 VSS；

（6）E 是执行命令的使能引脚，接单片机的一个 I/O 口；

（7）D0～D7 表示并行数据输入/输出引脚，可接单片机的 P0～P3 任意的 8 个 I/O 口。

如果接 P0 口，P0 口应该接 4.7K ~ 10K 的上拉电阻；

（8）A 是背光正极，可接一个 10 ~ 47 欧的限流电阻到 VDD；

（9）K 是背光负极，接 VSS。

　　图 4 - 10 是 51 系列单片机与字符型液晶显示器模块 LCD1602 的接口示例。单片机通过并行接口 P0、P1 和 P2.5 的操作，间接地实现对字符型 LCD 的控制。在编制程序时，对 LCD 控制信号（RS、R/W、E）的要求是：写操作时，使能信号 E 的下降沿有效；读操作时，使能信号 E 在高电平有效；在控制顺序上，先设置 RS、R/W 状态，再设置 E 信号为高电平。

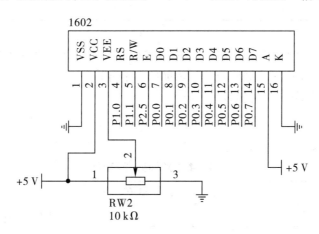

图 4 - 10　51 系列单片机与字符型 LCD1602 的接口示例

4.3.3　LCD 显示器命令字

　　在应用 LCD 进行显示控制时，通过其引脚线发送相应命令和数据到内部指令寄存器或数据寄存器中，控制 LCD 完成相应的显示功能。内置 HD44780 驱动控制器的字符型液晶显示模块可以使用的指令共有 11 条，其指令格式如表 4 - 2 所示。

表 4 - 2　LCD 指令格式定义一览表

序号	指　　令	RS	R/W	D7	D6	D5	D4	D3	D2	D1	D0
1	清显示	0	0	0	0	0	0	0	0	0	1
2	光标返回	0	0	0	0	0	0	0	0	1	*
3	置输入模式	0	0	0	0	0	0	0	1	I/D	S
4	显示开/关控制	0	0	0	0	0	0	1	D	C	B
5	光标或字符移位	0	0	0	0	0	1	S/C	R/L	*	*
6	置功能	0	0	0	0	1	DL	N	F	*	*
7	置字符发生存储器地址	0	0	0	1	字符发生存储器地址					
8	置数据存储器地址	0	0	1	显示数据存储器地址						
9	读忙标志或地址	0	1	BF	计数器地址						
10	写数到 CGAM 或 DDRAM	1	0	要写的数据内容							
11	从 CGRM 或 DDRAM 读数	1	1	读出的数据内容							

　　注：表中的"*"表示可以为"0"或"1"。

下面对表 4-2 中的指令功能及格式定义做进一步说明。

1. 清屏指令

清屏指令如表 4-3 所示。

表 4-3　清屏指令

指令功能	指令编码										执行时间/ms
	RS	R/W	DB7	DB6	DB5	DB4	DB3	DB2	DB1	DB0	
清屏	0	0	0	0	0	0	0	0	0	1	1.64

功能：

(1) 清除液晶显示器，即将 DDRAM 的内容全部填入"空白"的 ASCII 码 20H；

(2) 光标归位，即将光标撤回液晶显示屏的左上方；

(3) 将地址计数器(AC)的值设为 0。

2. 光标归位指令

光标归位指令如表 4-4 所示。

表 4-4　光标归位指令

指令功能	指令编码										执行时间/ms
	RS	R/W	DB7	DB6	DB5	DB4	DB3	DB2	DB1	DB0	
光标归位	0	0	0	0	0	0	0	0	1	X	1.64

功能：

(1) 把光标撤回到显示器的左上方；

(2) 把地址计数器(AC)的值设置为 0；

(3) 保持 DDRAM 的内容不变。

3. 进入模式设置指令

进入模式设置指令如表 4-5 所示。

表 4-5　进入模式设置指令

指令功能	指令编码										执行时间/μs
	RS	R/W	DB7	DB6	DB5	DB4	DB3	DB2	DB1	DB0	
进入模式设置	0	0	0	0	0	0	0	1	I/D	S	40

功能：设定每次写入 1 位数据后光标的移位方向，并且设定每次写入的 1 个字符是否移动。参数设定的情况如下所示。

位名　设置

I/D　　0＝写入新数据后光标左移；1＝写入新数据后光标右移。

S　　　0＝写入新数据后显示屏不移动；1＝写入新数据后显示屏整体右移 1 个字符。

4. 显示开关控制指令

显示开关控制指令如表 4-6 所示。

表 4-6　显示开关控制指令

指令功能	指令编码										执行时间 /μs
	RS	R/W	DB7	DB6	DB5	DB4	DB3	DB2	DB1	DB0	
显示开关控制	0	0	0	0	0	0	1	D	C	B	40

功能：控制显示器开/关、光标显示/关闭以及光标是否闪烁。参数设定的情况如下。

位名　设置

D　　0＝显示功能关；1＝显示功能开。

C　　0＝无光标；1＝有光标。

B　　0＝光标闪烁；1＝光标不闪烁。

5. 设定显示屏或光标移动方向指令

设定显示屏或光标移动方向指令如表 4-7 所示。

表 4-7　设定显示屏或光标移动方向指令

指令功能	指令编码										执行时间 /μs
	RS	R/W	DB7	DB6	DB5	DB4	DB3	DB2	DB1	DB0	
设定显示屏或光标移动方向	0	0	0	0	0	1	S/C	R/L	X	X	40

功能：使光标移位或使整个显示屏幕移位。参数设定的情况如下。

S/C　R/L　设定情况

0　　0　　光标左移 1 格，且 AC 值减 1。

0　　1　　光标右移 1 格，且 AC 值加 1。

1　　0　　显示器上字符全部左移一格，但光标不动。

1　　1　　显示器上字符全部右移一格，但光标不动。

6. 功能设定指令

功能设定指令如表 4-8 所示。

表 4-8　功能设定指令

指令功能	指令编码										执行时间 /μs
	RS	R/W	DB7	DB6	DB5	DB4	DB3	DB2	DB1	DB0	
功能设定	0	0	0	0	1	DL	N	F	X	X	40

功能：设定数据位数、显示的行数及字形。参数设定的情况如下。

位名　设置

DL　　0＝数据总线为 4 位；1＝数据总线为 8 位。

N　　0＝显示 1 行；1＝显示 2 行。

F　　0＝5×7 点阵/每字符；1＝5×10 点阵/每字符。

7. 设定 CGRAM 地址指令

设定 CGRAM 地址指令如表 4-9 所示。

表 4 - 9　设定 CGRAM 地址指令

指令功能	指令编码										执行时间 /μs
	RS	R/W	DB7	DB6	DB5	DB4	DB3	DB2	DB1	DB0	
设定 CGRAM 地址	0	0	0	1	CGRAM 的地址(6 位)						40

功能：设定下一个要存入数据的 CGRAM 的地址。

8. 设定 DDRAM 地址指令

设定 DDRAM 地址指令如表 4 - 10 所示。

表 4 - 10　设定 DDRAM 地址指令

指令功能	指令编码										执行时间 /μs
	RS	R/W	DB7	DB6	DB5	DB4	DB3	DB2	DB1	DB0	
设定 DDRAM 地址	0	0	1	CGRAM 的地址(7 位)							40

功能：设定下一个要存入数据的 DDRAM 的地址。

9. 读取忙信号或 AC 地址指令

读取忙信号或 AC 地址指令如表 4 - 11 所示。

表 4 - 11　读取忙信号或 AC 地址指令

指令功能	指令编码										执行时间 /μs
	RS	R/W	DB7	DB6	DB5	DB4	DB3	DB2	DB1	DB0	
读取忙碌信号 或 AC 地址	0	1	BF	AC 内容(7 位)							40

功能：

(1) 读取忙碌信号 BF 的内容，BF＝1 表示液晶显示器忙，暂时无法接收送来的数据或指令；当 BF＝0 时，液晶显示器可以接收单片机送来的数据或指令；

(2) 读取地址计数器(AC)的内容。

10. 数据写入 DDRAM 或 CGRAM 指令一览

数据写入 DDRAM 或 CGRAM 指令如表 4 - 12 所示。

表 4 - 12　数据写入 DDRAM 或 CGRAM 指令

指令功能	指令编码										执行时间 /μs
	RS	R/W	DB7	DB6	DB5	DB4	DB3	DB2	DB1	DB0	
数据写入到 DDRAM 或 CGRAM	1	0	要写入的数据 D7～D0								40

功能：

(1) 将字符码写入 DDRAM，以使液晶显示屏显示出相对应的字符；

(2) 将使用者自己设计的图形存入 CGRAM。

11. 从 CGRAM 或 DDRAM 读出数据的指令一览

从 CGRAM 或 DDRAM 读出数据的指令如表 4 - 13 所示。

表 4 - 13　从 CGRAM 或 DDRAM 读出数据的指令

指令功能	指令 编 码										执行时间
	RS	R/W	DB7	DB6	DB5	DB4	DB3	DB2	DB1	DB0	/μs
从 CGRAM 或 DDRAM 读出数据	1	1	要读出的数据 D7～D0								40

功能：读取 DDRAM 或 CGRAM 中的内容。

4.4　基于 1602 数据显示的软硬件设计

4.4.1　任务要求

控制开发板 1602 字符型 LCD，显示两行内容，第一行显示姓名，第二行显示学号，行居中。如：

Xu　WeiLing
90105006

(1) 设计 STC89C52 单片机控制 1602 显示的硬件电路；

(2) 设计调试单片机控制 1602 显示字符程序的方法；

(3) 下载程序到单片机中，运行程序观察结果并进行软硬件的联合调试。

4.4.2　系统设计

根据系统要求画出基于 STC89C52 单片机的 LCD1602 显示器控制框图如图 4 - 11 所示。整个系统包括 STC89C52 单片机、晶振电路、复位电路、电源和 LCD1602 显示电路。

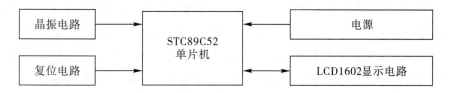

图 4 - 11　基于 STC89C52 单片机的 LCD1602 显示器控制框图

4.4.3　硬件设计

根据图 4 - 11 设计出 STC89C52 单片机控制 LCD1602 的硬件电路图如图 4 - 12 所示，

其中 STC89C52 单片机、晶振电路以及复位电路分别如图 3 - 8(a)、图 3 - 8(e)以及图 3 - 8(c)所示。

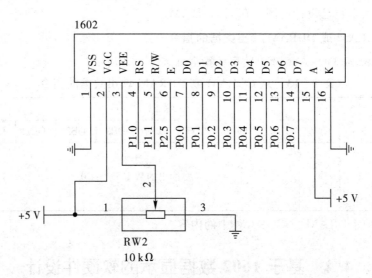

图 4 - 12   STC89C52 单片机控制 LCD1602 的硬件电路图

4.4.4   软件设计

LCD 显示器在使用之前须根据具体配置情况初始化，初始化可在复位后完成，LCD1602 初始化过程一般如下：

（1）清屏。清除屏幕，将显示缓冲区 DDRAM 的内容全部写入空格（ASCII20H）；光标复位，回到显示器的左上角；地址计数器 AC 清零。

（2）功能设置。设置数据位数，根据 LCD1602 与处理器的连接选择数据位数（LCD1602 与 51 单片机连接时一般选择 8 位）；设置显示行数（LCD1602 为双行显示）；设置字形大小（LCD1602 为 5×7 点阵）。

（3）开/关显示设置。控制光标显示、字符是否闪烁等。

（4）输入方式设置。设定光标的移动方向以及后面的内容是否移动。

初始化后就可用 LCD 进行显示，显示时应根据显示的位置先定位，即设置当前显示缓冲区 DDRAM 的地址，再向当前显示缓冲区写入要显示的内容，如果连续显示，则可连续写入显示的内容。由于 LCD 是外部设备，处理速度比 CPU 的速度慢，向 LCD 写入命令到完成功能需要一定的时间，在这个过程中，LCD 处于忙状态，不能向 LCD 写入新的内容。LCD 是否处于忙状态可通过读忙标志命令来了解。另外，由于 LCD 执行命令的时间基本固定，而且比较短，因此也可以通过延时，等待命令完成后再写入下一个命令。

基于 LCD1602 的学号姓名显示程序设计的初始化流程、写数据流程、写指令流程和主流程的流程图分别如图 4 - 13、图 4 - 14、图 4 - 15 和图 4 - 16 所示。

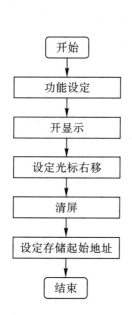

图 4 - 13 初始化流程

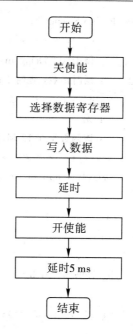

图 4 - 14 写数据流程

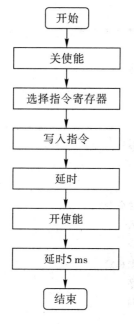

图 4 - 15 写指令流程

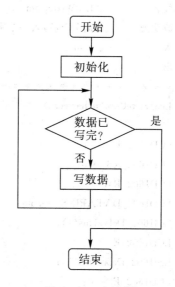

图 4 - 16 主流程

程序如下:

```
#include "reg52. h"
#include "lcd. h"

typedef unsigned int u16;
typedef unsigned char u8;
```

```
u8 Disp[]=" Pechin Science ";
/* * * * * * * * * * * * * * * * * * * * * * * * * * * * * * * * * * * *
* 函数名        : Lcd1602_Delay1ms
* 函数功能      : 延时函数，延时 1 ms
* 输入          : c
* 输出          : 无
* 说明          : 该函数是在 12 MHz 晶振下，是 12 分频单片机的延时
* * * * * * * * * * * * * * * * * * * * * * * * * * * * * * * * * * * */
void Lcd1602_Delay1ms(uint c)   //延时 1 ms
{
    uchar a, b;
    for (; c>0; c--)
    {
        for (b=199; b>0; b--)
        {
            for(a=1; a>0; a--);
        }
    }
}
/* * * * * * * * * * * * * * * * * * * * * * * * * * * * * * * * * * * *
* 函数名        : LcdWriteCom
* 函数功能      : 向 LCD 写入一个字节的命令
* 输入          : com
* 输出          : 无
* * * * * * * * * * * * * * * * * * * * * * * * * * * * * * * * * * * */
void LcdWriteCom(uchar com)       //写入命令
{
    LCD1602_E = 0;                //使能
    LCD1602_RS = 0;               //选择发送命令
    LCD1602_RW = 0;               //选择写入
    LCD1602_DATAPINS = com;       //写入命令
    Lcd1602_Delay1ms(1);          //等待数据稳定
    LCD1602_E = 1;                //写入时序
    Lcd1602_Delay1ms(5);          //保持时间
    LCD1602_E = 0;
}
/* * * * * * * * * * * * * * * * * * * * * * * * * * * * * * * * * * * *
* 函数名        : LcdWriteData
* 函数功能      : 向 LCD 写入一个字节的数据
* 输入          : dat
* 输出          : 无
* * * * * * * * * * * * * * * * * * * * * * * * * * * * * * * * * * * */
```

```
void LcdWriteData(uchar dat)        //写入数据
{
    LCD1602_E = 0;                  //使能清零
    LCD1602_RS = 1;                 //选择输入数据
    LCD1602_RW = 0;                 //选择写入

    LCD1602_DATAPINS = dat;         //写入数据
    Lcd1602_Delay1ms(1);

    LCD1602_E = 1;                  //写入时序
    Lcd1602_Delay1ms(5);            //保持时间
    LCD1602_E = 0;
}
/* * * * * * * * * * * * * * * * * * * * * * * * * * * * * * * * * * * *
* 函数名          : LcdInit()
* 函数功能        : 初始化 LCD 屏
* 输入            : 无
* 输出            : 无
* * * * * * * * * * * * * * * * * * * * * * * * * * * * * * * * * * * */
void LcdInit()//LCD 初始化程序
{
    LcdWriteCom(0x38);              //开显示
    LcdWriteCom(0x0c);              //开显示不显示光标 70
    LcdWriteCom(0x06);              //写一个指针加 1
    LcdWriteCom(0x01);              //清屏
    LcdWriteCom(0x80);              //设置数据指针起点
}
/* * * * * * * * * * * * * * * * * * * * * * * * * * * * * * * * * * * *
函数名          : main
函数功能        : 主函数
输入            : 无
输出            : 无
* * * * * * * * * * * * * * * * * * * * * * * * * * * * * * * * * * * */
void main(void)
{
    u8 i;
    LcdInit();
    for(i=0; i<16; i++)
    {
        LcdWriteData(Disp[i]);
    }
    while(1);
}
```

注意事项：

实验中可能遇到以下问题。

在电路接线工作完成以后，上电后 LCD 只有背光，无任何显示。

原因分析：接线过程中可能忽视了 D0~D7 的接线顺序，从而使 D7~D0 的方向接反，指令码识别错误。

4.5 本 章 小 结

在本章中，我们讨论了以下几个知识点：

（1）介绍了 LED 显示器和 LCD 显示器的工作原理和特性；

（2）介绍了 STC89C52 单片机与两种显示器的接口电路；

（3）对 LCD1620 显示器的控制指令进行说明；

（4）结合具体实例介绍了 LED 和 LCD 显示器在单片机中的应用，并详细分析了任务的软硬件设计方案和设计流程。

4.6 习 题 与 思 考

（1）共阴极数码管与共阳极数码管有何区别？

（2）何谓静态显示？何谓动态显示？两种显示方式各有什么优缺点？

（3）设计一个内置 HD44780 驱动控制器的字符型 LCD 与单片机的接口电路，并编写在字符型液晶显示模块显示"HELLO"字符的程序。

第 5 章　单片机的中断技术及应用

【小明】：老师，我有个疑问，比如在上一章的篮球记分器中，如果我们想同时加入 24 秒、比分并且每间隔一段时间显示一下本节比赛还有多少剩余时间，或者中间插入交换上场队员的信息，之后再回到正常 24 秒及比分显示，该怎么处理？

【老师】：你这个问题很好，这里就涉及单片机控制的精髓操作之一——中断系统操作。单片机能够同时处理多个工作任务，正是依靠单片机的中断系统实现的。

引　　言

中断(interrupt)是一种被广泛使用的计算机技术，也是计算机的一个重要功能，准确理解中断的概念并掌握中断技术有利于学好单片机。实时控制、故障自动处理、单片机与外围设备间的数据传送往往都通过中断系统实现。中断系统的应用大大地提高了单片机的效率。中断功能在很大程度上提高了单片机处理随机事件的能力，它也是单片机最重要的功能之一，是学习单片机必须要掌握的。

5.1　中断技术基本概念

为了说明中断的概念，先看一个日常生活中可能经历的中断过程：你在看书，这时电话铃响了，于是你在书上做个记号，然后走到电话旁拿起电话和对方通话；刚说了几句话，门铃响了，于是你电话里让对方稍等，然后你又去开门，并在门旁与来访者交谈；谈话结束后你关上门，回到电话机旁，拿起电话继续通话，通话完毕挂电话，然后从书上记号处继续读书。

上面描述的日常生活经历中从看书到接电话，是一次中断过程，而从打电话到与门外来访者交谈，则是在中断过程中又发生的一次中断，即所谓的中断嵌套。在日常生活中为什么会发生上述这一系列中断现象呢？是因为你在某一时刻要处理三件事情：看书、打电话和接待来访者。但一个人不可能同时完成三件事情，因此，只好采用中断的方法，穿插着去做。

从日常举例上升到计算机理论，中断技术实质上是一种资源共享技术，是解决资源竞争的有效方法，它最终实现多项任务共享一个资源。因为在计算机中通常只有一个 CPU，任何时刻它只能处理一项任务，而它所面对的任务却可能是多个，所以资源竞争现象是不可避免的。对此，只能使用中断技术解决。

计算机中的资源竞争，通常是因计算机在运行程序时会发生一些可预测或不可预测的随机事件而引起的。这些随机事件包括：

(1) 与计算机"并行"工作的输入/输出设备发出的中断请求，以进行数据传送。

（2）硬件故障、运算错误及程序出错时产生的中断请求，以进行故障报警和程序监测。

（3）对运行中的计算机进行干预时，通过键盘输入的命令，进行人机联系。

（4）来自被控对象的中断请求，以实现自动控制。

单片机所具有的复杂实时控制功能与中断技术密不可分，面对控制对象随机发出的中断请求，单片机必须作出快速响应并及时处理，以使被控对象保持在最佳工作状态，达到预定的控制效果。所以中断技术对单片机来说十分重要。

5.1.1　中断的定义和分类

当 CPU 正在处理某项任务时，由于外部或内部的某种原因，要求 CPU 暂停正在处理的任务而去执行其他任务，待其他任务处理完后，再回到原来中断的地方，继续执行原来被中断的任务，这个过程称为中断。中断在现实生活中也经常碰到，比如 5.1 节中描述的生活经历就是中断的例子。计算机中实现中断处理功能的部件称为中断系统。

中断类似于程序设计中的调用子程序，但它们之间有本质的区别。主程序调用子程序的指令在程序中是事先安排好的，而中断事件是事先无法确知的，因为"中断"的发生是由外设引起的，程序中无法事先安排调用中断，所以中断的处理过程是由硬件自动完成的。

利用中断技术，计算机能够完成下列功能：

（1）对突发事故做出紧急处理；

（2）根据现场随时变化的各种参数、信息，做出实时监控；

（3）CPU 与外部设备并行工作，以中断方式相联系，可提高 CPU 的工作效率；

（4）解决快速 CPU 与慢速外设之间的矛盾；

（5）在多项外部设备同时提出中断请求的情况下，CPU 能根据中断请求的轻重缓急先后响应外设。

引起中断的原因或能发出中断请求的来源，称为中断源。中断源要求 CPU 为它服务的请求称为中断请求或中断申请。CPU 接收中断源提出的中断请求就称为中断响应。CPU 响应中断之后所执行的处理程序称为中断服务程序，原来运行的程序称为主程序。

常见的中断源有下列几种：

（1）输入、输出设备中断源。计算机的各种输入、输出设备，如键盘、磁盘驱动器、打印机等，可通过接口电路向 CPU 申请中断。

（2）故障中断源。故障中断源是产生故障信息的来源，有内部和外部之分。CPU 内部故障源，如除法运算中除数为零时的情况；外部故障源，如在电源掉电时可以接入备用的电池供电，以保存存储器中的信息。当电压因掉电降到定值时，就发出中断申请，在计算机中断系统的控制下进行备用电源的替换工作。

（3）实时中断源。在实时控制中，常常将被控参数、信息作为实时中断源。例如，电压、电流、温度等超越上限或下限时，再例如，继电器、开关闭合断开时，都可以作为中断源申请中断。

（4）定时/计数脉冲中断源。内部定时/计数中断是由单片机内部的定时/计数器计满溢出时自动产生的；外部定时/计数中断是由外部定时脉冲通过 CPU 的中断请求输入线或定时/计数器的输入线引起的。

5.1.2　中断嵌套

用户根据实际应用的需要，给各个中断源事先安排一个中断响应的优先顺序。然后按照中断源的优先顺序响应中断。中断源的这种优先顺序常被称为中断优先权级别，简称中断优先级。在 CPU 响应某一中断请求而执行中断处理的过程中，若有优先权级别更高的中断源发出中断请求，CPU 则中断正在进行的中断服务程序，并保留这个程序的断点，去响应高级中断(类似于子程序嵌套)，在高级中断处理完以后，再继续执行被中断的中断服务程序，这就叫中断嵌套。中断嵌套示意图如图 5-1 所示。

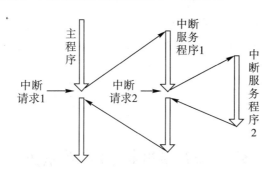

图 5-1　中断嵌套示意图

如果发出中断请求的中断源的优先权级别与正在处理的中断源同级或更低时，CPU 则暂时不响应这个中断请求，直至正在处理的中断服务程序执行完以后才去处理新的中断请求。

5.1.3　中断处理过程

中断处理过程：中断源发出中断请求→CPU 对中断请求做出响应→执行中断服务程序→返回主程序。中断处理流程如图 5-2 所示。

1. 中断响应与中断返回

中断响应是 CPU 对中断源所发出的中断请求的回应。在这一阶段，CPU 要完成中断服务之前的所有准备工作，包括保护断点地址以及把程序转向中断服务程序的入口地址(也称为中断矢量地址)。保护断点就是把断点处的 PC 值(下一条指令的地址)压入堆栈保存起来，这是由硬件自动完成的。

中断返回是指执行完中断服务程序后，程序返回到断点(原来程序执行时被断开的位置)，继续执行原来的程序。

2. 保护现场与恢复现场

为了使中断服务程序的执行不破坏 CPU 中有关寄存器的原有内容，并且在中断返回后不影响主程序的运行，在 CPU 响应中断请求后，硬件就将有关的寄存器内容和状态标志等压入堆栈保存起来，这称为"保护现场"。而在中断服务程序结束时，在返回

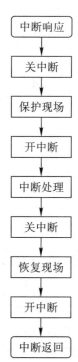

图 5-2　中断处理流程

主程序之前需要把刚才保护起来的那些现场内容从堆栈中弹出，恢复寄存器原来的内容和状态标志，这就是"恢复现场"。要注意的是，一定要按照"先进后出"的原则进行现场的保护与恢复。

3. 开中断与关中断

在中断处理的特定阶段，可能会有新的中断请求到来，为了防止高于当前优先级的中断请求打断当前中断服务程序的执行，CPU 在响应中断后应关中断（很多 CPU 是自动关中断的，但 STC89C52 单片机不会自动关中断，需要用软件指令关中断）。而编写保护现场和恢复现场的程序，也应在关中断后进行，以使得保护现场和恢复现场的工作不被干扰。如果希望在中断服务过程中能响应更高级中断源的中断请求，那么应在现场保护之后再中断，这样就使得系统具有中断嵌套的功能。

4. 中断服务

中断服务是中断处理程序的主要内容，要根据具体的中断功能去编写，以满足应用的需要。

5.2　51 单片机的中断系统

5.2.1　51 单片机中断源和中断标志

51 单片机有 5 个中断源，分别是 2 个外部中断源、2 个内部定时/计数器溢出中断源和 1 个串行接口发送/接收中断源。

1. 外部中断源及其标志

外部中断 0（$\overline{\text{INT0}}$）：当 P3.2 引脚输入低电平或者下降沿信号时，产生中断请求。

外部中断 1（$\overline{\text{INT1}}$）：当 P3.3 引脚输入低电平或者下降沿信号时，产生中断请求。

用户可以通过定时器来控制寄存器 TCON 中的 IT0 和 IT1 位状态的设定，从而选择外部中断的触发方式。

定时器控制寄存器 TCON 在特殊功能寄存器区中，其地址为 88H，可位寻址，其功能是对定时/计数器的启动、停止、计数溢出中断标志、外部中断请求和外部中断触发方式进行控制。其中高 4 位是对定时/计数器进行控制，低 4 位是对外部中断进行控制。

TCON 寄存器中各位的内容及位地址见表 5-1。

表 5-1　TCON 寄存器中各位的内容及位地址

位地址	8FH	8EH	8DH	8CH	8BH	8AH	89H	88H
位符号	TF1	TR1	TF0	TR0	IE1	IT1	IE0	IT0

TCON 寄存器低 4 位中各位的定义如下：

IT0 和 IT1——外部中断 0 和外部中断 1 中断请求触发方式控制位。IT0(IT1)＝1 为脉冲下降沿触发方式；IT0(IT1)＝0 为低电平触发方式。

IE0 和 IE1——外部中断 0 和外部中断 1 中断请求标志位。当 CPU 采样到 $\overline{\text{INT0}}$（或 $\overline{\text{INT1}}$）引脚出现有效中断请求信号时，IE0(IE1)位由 CPU 硬件自动置"1"。当中断响应后，转向中断服务程序时，由硬件将 IE0（或 IE1）自动清零。

2. 定时器中断源及其标志

定时/计数器 0(T0)：T0 计数溢出时，产生中断请求。

定时/计数器 1(T1)：T1 计数溢出时，产生中断请求。

定时/计数器 T0 和定时/计数器 T1 的中断请求标志位在定时器控制寄存器 TCON 中参见表 5-1。TCON 寄存器高 4 位中各位的定义如下：

（1）TF1——T1 溢出中断请求标志位。当 T1 计数满溢出时，由 CPU 硬件自动将 TF1 置"1"。当采用中断方式进行计数溢出处理时（ET1 中断开放），当硬件查询到 TF 为"1"时，产生定时器中断，进行定时器中断服务处理，在中断响应后，由 CPU 硬件自动将 TF 清零。当采用查询方式进行计数溢出处理时（ET1 中断关闭），当程序查询到 TF1 为"1"时，进行定时器溢出处理，在程序中用指令将 TF1 清零。

（2）TR1——T1 运行控制位。当 TR1=1 时，T1 开始计数；当 TR1＝0 时，T1 停止计数。

（3）TF0——T0 溢出中断请求标志位。TF0 的功能及操作与 TF1 相同，只是它对应的是定时/计数器 T0。

（4）TR0——T0 运行控制位。TR0 的功能及操作与 TR1 相同，只是它对应的是定时/计数器 T0。

3. 串行接口中断源及其标志

当单片机串行接口接收或发送完一帧数据时，串行接口会产生中断请求。串行接口的中断由串行接口控制寄存器来控制。串行接口控制寄存器 SCON 的单元地址为 98H。可按位操作。SCON 寄存器中各位的内容及位地址见表 5-2。

表 5-2　SCON 寄存器中的各位内容及位地址

位地址	9FH	9EH	9DH	9CH	9BH	9AH	99H	98H
位符号	SM0	SM1	SM2	REN	TB8	RB8	TI	RI

SCON 寄存器中与中断有关的控制位在寄存器的最低两位。

TI——串行接口发送中断请求标志位。

当 CPU 将一字节的数据写入发送缓冲器 SBUF 时，就启动一帧串行数据的发送，当发送一帧串行数据后，CPU 硬件自动将 T 置"1"。在进入中断服务程序后，用户必须用指令对 TI 标志清零。

RI——串行接口接收中断请求标志位。

在串行接口接收完一个串行数据帧后，CPU 硬件自动将 RI 标志置"1"。CPU 在响应串行接口接收中断后，用户必须在中断服务程序中用指令将 RI 标志清零，51 系统复位后，定时器控制寄存器 TCON 和串行接口控制寄存器 SCON 中各位均被清零。

5.2.2　51 单片机中断请求的控制

51 系列单片机为用户提供了两个特殊功能寄存器：中断允许控制寄存器 IE 和中断优先级控制寄存器 IP，这两个寄存器用于控制中断请求。

1. 中断允许控制寄存器(IE)

CPU 对中断源的开放或屏蔽，由片内的中断允许控制寄存器 IE 来控制。进行字节操作时寄存器地址为 A8H，也可按位操作。IE 寄存器中各位的内容及位地址见表 5-3。

表 5-3   IE 寄存器中各位的内容及位地址

位地址	AFH	AEH	ACH	ABH	AAH	A9H	A8H
位符号	EA	—	ES	ET1	EX1	ET0	EX0

IE 寄存器对中断的开放和屏蔽实现两级控制：总的开关中断控制位 EA(IE.7 位)，当 EA＝0 时，所有的中断请求被屏蔽；当 EA＝1 时，CPU 开放中断，但 5 个中断源的中断请求是否允许，还要由 IE 中的低 5 位所对应的 5 个中断请求允许控制位的状态来决定。

IE 寄存器中各位的功能如下：

(1) EA——中断允许总控制位。

EA＝0 表示中断总禁止，禁止所有中断。

EA＝1 表示中断总允许，每个中断源是禁止还是允许由各自的允许控制位确定。

(2) EX0 和 EX1——外部中断 0 和外部中断 1 中断允许控制位。

EX0(EX1)＝0 表示禁止外部中断 0(外部中断 1)中断。

EX0(EX1)＝1 表示允许外部中断 0(外部中断 1)中断。

(3) ET0 和 ET1——定时/计数器 0 和定时/计数器 1 中断允许控制位。

ET0(ET1)＝0 表示禁止定时/计数器 0(定时/计数器 1)中断。

ET0(ET1)＝1 表示允许定时/计数器 0(定时/计数器 1)中断。

(4) ES 串行中断允许控制位。

ES＝0 表示禁止串行接口中断。

ES＝1 表示允许串行接口中断。

51 系统复位时，IE 被清零，所有的中断请求被禁止。若要某一个中断源被允许中断，除了 IE 相应的位被置"1"外，还必须使 EA＝1，即 CPU 开放中断。改变的内容，可用位操作来实现，也可用字节操作来实现。

2. 中断优先级控制寄存器(IP)

51 单片机具有两个中断优先级，由软件设置每个中断源为高优先级中断或低优先级中断，从而可实现两级中断嵌套。当 CPU 正在执行低优先级中断服务程序时，可被高优先级中断请求所中断，转去执行高优先级中断服务程序，待高优先级中断处理完毕，再返回低优先级中断服务程序。

51 单片机各中断源的优先级由中断优先级寄存器 IP 进行设定。IP 是特殊功能寄存器，其地址为 B8H，可按位操作。IP 寄存器中各位的内容及位地址见表 5-4。

表 5-4   IP 寄存器中各位的内容及位地址

位地址	BFH	BEH	BDH	BCH	BBH	BAH	B9H	B8H
位符号	—	—	—	PS	PT1	PX1	PT0	PX0

IP 寄存器中各位的功能如下：

PX0——外部中断 0 优先级控制位；

PT0——T0 中断优先级控制位；

PX1——外部中断 1 优先级控制位；

PT1　　T1 中断优先级控制位，

PS——串行接口中断优先级控制位。

以上各位设置为 0 时，相应的中断源为低优先级；设置为 1 时，相应的中断源为高优先级。用户可以在程序中对各位置"1"或清零，以改变各中断源的中断优先级。一个正在执行的低优先级中断程序能被高优先级的中断源中断，但不能被另一个低优先级的中断源中断。任何一种中断(不管是高级还是低级)，一旦得到响应，就不会再被它的同级中断源中断。可见，若 CPU 正在执行高优先级的中断，则它不能被任何中断源所中断。

当 51 系统复位时，IP 寄存器全部清零，将所有中断源设置为低优先级中断。

需要注意的是，如果同一优先级的几个中断源同时发中断请求时，系统按硬件设定的自然优先级顺序响应中断，即外中断 0 的自然优先级最高，串口的自然优先级最低，自然优先级从高到低的顺序如下：

$\overline{INT0}$中断→T0 中断→$\overline{INT1}$中断→T1 中断→串口中断

综上所述，MCS - 51 系列单片机主要是用 4 个专用寄存器 TCON、SCON、IE、IP 对中断过程进行控制的，其中断结构框图如图 5 - 3 所示。

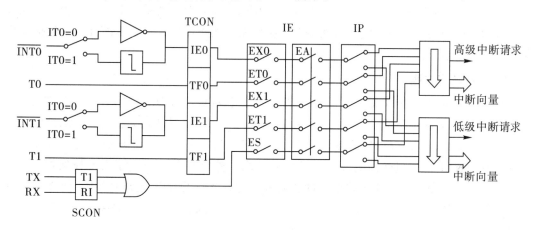

图 5 - 3　51 单片机中断系统结构框图

5.2.3　51 单片机中断的响应过程

1. 中断请求

中断请求是中断源向 CPU 发出请求中断的信号，要求 CPU 中断原来执行的程序，转去为它服务。51 单片机有 2 个外部中断源，3 个内部中断源。当外部中断源有服务要求时，可通过中断请求线，向 CPU 发出信号，请求 CPU 中断。中断请求信号可以是低电平信号，也可以是下降沿信号。中断请求信号会一直保持到 CPU 做出响应为止。当有中断发出中断请求时，CPU 就将相应的中断请求标志位置"1"，以此请求一次中断服务。

2. 中断查询

CPU 每个机器周期都会查询各个中断源，看看是否有中断请求发出，即 CPU 查询

TCON 寄存器和 SCON 寄存器中的各个中断请求标志位的状态,确定是否有哪个中断源发出中断请求。查询时按优先级顺序进行查询,即先查询高优先级,再查询低优先级。如果优先级相同,则按自然优先级顺序查询。

3. 中断响应

中断响应就是 CPU 接受中断源提出的中断请求。

51 单片机响应中断要满足以下三个条件:

(1)有中断源发出中断请求;

(2)中断总允许位为"1",即 CPU 允许所有中断源申请中断;

(3)申请中断的中断源的中断允许位为"1",即该中断源可以向 CPU 申请中断。

当以上三个条件都满足时,中断请求才可能被 CPU 响应。

4. 中断受阻

即使中断请求满足上述三个响应条件,也不一定会立即得到响应,当遇到下列三种情况之一时,中断请求就不会立即被响应:

(1)CPU 正在处理一个同级或更高优先级的中断服务;

(2)当前指令还没有执行完毕;

(3)当正在执行的指令是子程序返回指令 RET、中断返回指令 RET、访问中断优先级寄存器 IP 或中断允许寄存器 IE 的指令时,执行完这些指令后,还必须再执行一条指令后才会响应中断请求。

5. 中断响应过程

当中断源发出中断请求并且该中断请求满足中断响应条件,也不存在受阻情况时,CPU 将立即响应该中断请求,如有多个中断源同时提出中断请求时,将按中断源的优先级别做出响应,先响应高优先级中断源,后响应低优先级中断源。中断响应时首先将优先级状态触发器置"1",以阻断同级或低级的中断请求。然后将断点地址压入堆栈保护,再由硬件自动执行一条长调用指令将对应的中断入口地址送入程序计数器 PC 中,使程序转到该中断入口地址,并执行中断服务程序。MCS-51 单片机的五个中断源的中断入口地址是固定的。

6. 中断服务

当中断响应后,程序转到中断入口地址处,执行中断服务程序(由用户根据中断事件的要求编写的处理程序),执行到中断返回指令 RET 时,中断服务程序结束执行。

中断服务一般包括保护现场、处理中断源的请求以及恢复现场三部分内容。一般主程序和中断服务程序都可能会用到累加器 A、程序状态字 PSW 和一些其他寄存器。CPU 在进入中断服务程序后,用到上述寄存器时就会破坏它原来存在寄存器中的内容,中断返回时将会造成主程序的混乱,所以需要保护现场。待中断服务结束返回主程序之前再恢复现场。

7. 中断返回

中断返回由专门的中断返回指令"REIT"实现,该指令执行时,将保存在堆栈中的断点地址取出,送入程序计数器 PC 中,程序转到断点处继续执行原来的程序。同时还将优先级状态触发器清零,将部分中断请求标志(除串行接口中断请求标志 TI 和 RI 外)清零。特别要注意不能用子程序返回指令"RET"代替中断返回指令"RETI"。

外部中断响应的最短时间为 3 个机器周期,最长时间为 8 个机器周期。通常用户不必考虑中断响应的时间,只有在精确定时的应用场合才需要考虑中断响应的时间,以保证精确的定时控制。

5.2.4 51 单片机中断请求的撤除

中断响应后,对 TCON 寄存器和 SCON 寄存器的中断请求标志位应及时撤除。否则意味着中断请求仍然存在,将造成中断的重复响应,因此在中断返回前,应撤除该中断请求标志。

1. 定时/计数器中断请求标志的撤除

中断响应后,由硬件自动把定时/计数器 0 中断请求标志位 TF0 或定时/计数器 1 中断请求标志位 TF1 清零,此操作不需要用户参与。

2. 串行接口中断请求标志的撤除

中断响应后,系统没有用硬件清除 TI 或 RI,所以必须在中断服务程序中用软件将串行发送中断请求标志位 TI 或串行接收中断请求标志位 RI 清零。例如,可以用下列方法来清除串口中断请求标志位。

TI=0:清 TI 标志位。

RI=0:清 RI 标志位。

3. 外部中断请求的撤除

外部中断请求的撤除包括以下两种:

(1) 下降沿触发方式外中断请求的撤除。对于采用下降沿触发方式的外部中断 0 中断请求标志位 IE0 和外部中断 1 中断请求标志位 IE1 的清零是由单片机硬件自动完成的,用户无需参与。

(2) 低电平触发方式外中断请求的撤除。虽然外部中断请求标志位的清零是硬件自动完成的,但是如果在中断响应结束后,低电平仍持续存在,CPU 又会把中断请求标志位(IE0/IE1)置"1"。因此,为防止 CPU 返回主程序后再次响应同一个中断,对低电平触发方式的外部中断请求信号,需要外加电路,在中断响应后将 $\overline{INT0}$、$\overline{INT1}$ 引脚的低电平中断请求信号撤除,即将 $\overline{INT0}$、$\overline{INT1}$ 引脚电平从低电平强制为高电平,外加电路如图 5-4 所示。

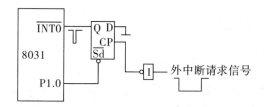

图 5-4 低电平触发方式的外中断请求撤除电路

在图 5-4 中,将 D 触发器的 D 端接地,Q 端接到单片机的 $\overline{INT0}$ 端,外中断请求信号通过一个反相器接到 D 触发器的 CP 端。在中断服务程序中增加如下两条指令:PI0=0;

PI0＝1，使得 P1 端输出一个负脉，冲将 D 触发器强制置"1"。

5.2.5　51 单片机中断编程

使用 MCS‐51 的中断，为使用到的中断源编写中断服务程序。C51 为中断服务程序的编写提供了方便的方法。C51 的中断服务程序是一种特殊的函数，它的说明形式如下：

　　　　void 函数名（void)interrupt n［using m］

　　　　〈中断服务程序内容〉

这里 interrupt 和 using 是为编写 C51 中断服务程序而引入的关键字，interrupt 表示该函数是一个中断服务函数，后面的整数 n 表示该中断服务函数对应哪一个中断源。中断函数不能返回任何值，所以最前面用 void；后面紧跟函数名，名字可以随便起，但不要与 C 语言中的关键字相同；中断函数不带任何参数，所以函数名后面的小括号内为空；中断号 n 是指单片机中几个中断源的序号，这个序号是单片机识别不同中断的唯一符号，因此在写中断服务程序时务必要写正确；using 指定该中断服务程序要使用的工作寄存器组号，m 为 0～3。若不使用关键字 using，则编译系统会将当前工作寄存器组的 8 个寄存器都压入堆栈。

每个中断源都有系统指定的中断编号，如表 5‐5 所示。

表 5‐5　各中断源及其编号

中断源	中断入口地址	中断编号
外中断 0	0003H	0
定时器 0	000BH	1
外中断 1	0013H	2
定时器 1	001BH	3
串口中断	0023H	4

此外还要注意一点，程序中任何函数都不能调用中断服务程序，它是由系统调用的。

5.3　基于外部中断的软硬件设计

5.3.1　任务要求

主程序将与 P1 端口相连的 8 个 LED 灯进行花样显示，显示顺序规律如下：

（1）8 个 LED 依次左移点亮；

（2）8 个 LED 依次右移点亮；

（3）D9、D7、D5、D3 亮 1s 熄灭，D8、D6、LED4、D2 亮 1s 熄灭，循环 3 次。中断时（INT0 与 K1 连接）使 8 个 LED 闪烁 5 次。

5.3.2　系统设计

根据任务要求，整个系统由 STC89C52 单片机、晶振电路、复位电路、电源电路 P1 口

的 8 个 LED 流水灯以及与 INT0 引脚相连的独立按键 K3 组成。外部中断系统的控制框图
如图 5 - 5 所示。

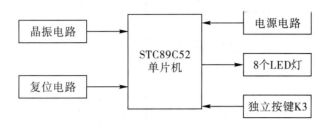

图 5 - 5　外部中断系统的控制框图

5.3.3　硬件设计

选用 STC89C52 单片机为主控单元。设计出单片机控制的硬件电路图，如图 5 - 6
所示。

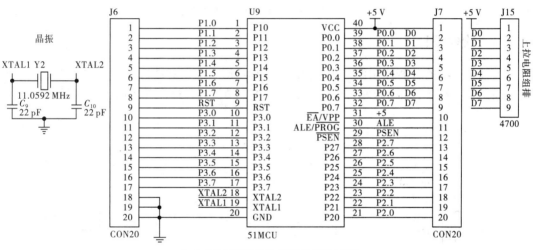

（a）STC89C52 单片机及晶振原理图

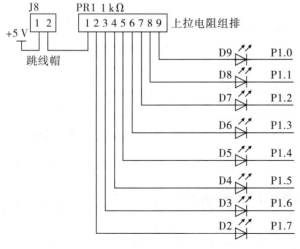

（b）LED 流水灯原理图

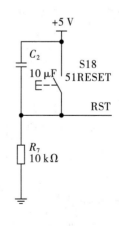

（c）STC89C52 复位电路原理图

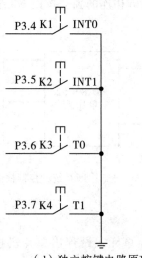

（d）独立按键电路原理图

图 5-6　单片机控制的硬件电路图

5.3.4　软件设计

外部中断 0 的 C 程序中断号为 0。在编写程序时，首先要进行中断初始化设置，并开启中断，然后若有中断请求时，响应中断执行相应操作。程序流程图如图 5-7 所示。

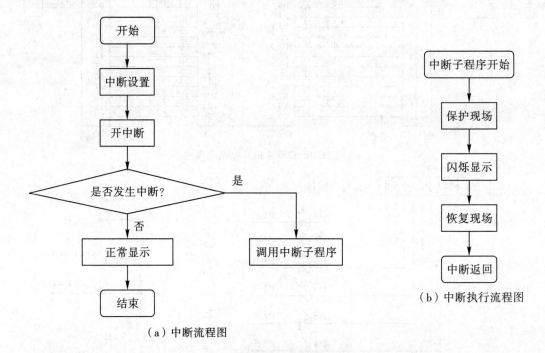

（a）中断流程图　　　　（b）中断执行流程图

图 5-7　中断系统的应用程序流程图

程序如下：

```
#include <reg52.h>      //此文件中定义了单片机的一些特殊功能寄存器
#define uint unsigned int    //对数据类型进行声明定义
```

```
# define uchar unsigned char
const tab[]={0xfe, 0xfd, 0xfb, 0xf7, 0xef, 0xdf, 0xbf, 0x7f, //正向流水灯
0xbf, 0xdf, 0xef, 0xf7, 0xfb, 0xfd, 0xfe, 0xff,               //反向流水灯
0xaa, 0x55, 0xaa, 0x55, 0xaa. 0x55, 0xff};                    //隔灯闪烁
const tab2[]={0xff, 0x00, 0xff, 0x00, 0xff, 0x00, 0xff, 0x00,
0xff, 0x00, };  //闪烁 5 次
/* * * * * * * * * * * * * * * * * * * * * * * * * * * * * * * * * * * *
函数名：        delay1s
作用：          延迟 1 秒
参数说明：      无
返回值：        无
 * * * * * * * * * * * * * * * * * * * * * * * * * * * * * * * * * * * */
void delay1s(void)
{
  uint i, j, k;
  for(i=10; i>0; i--)
  {
    for(j=200; j>0; j--)
    {
      for(k=230; k>0; k--);
    }
  }
}
/* * * * * * * * * * * * * * * * * * * * * * * * * * * * * * * * * * * *
外部中断 0 的中断服务程序 *
 * * * * * * * * * * * * * * * * * * * * * * * * * * * * * * * * * * * */
void int0() intrrupt 0
{
  uchar i;
  for(i=0; i<10; i++)
  {
    P1=tab2[i];
    delay1s();
  }
}
/* * * * * * * * * * * * * * * * * * * * * * * * * * * * * * * * * * * *
函 数 名：      : INT0_init(void)
函数功能：      : 设置外部中断 0
参数说明：      : 无
返回值：        : 无
 * * * * * * * * * * * * * * * * * * * * * * * * * * * * * * * * * * * */
```

```
void INT0_init(void)
{
    EX0=1；     //打开外部中断 0
    IT0=1；     //下降沿触发中断 INT0
    EA=1；      //全局中断允许
}
void main()
{
    uchar x；
    INT0_init()；
    while(1)
    {
        for(x=0；x<23；x++)
        {
            P1=tab[x]；
            delay1s()；
        }
    }
}
```

5.4　本　章　小　结

（1）有关中断的主要概念有：中断、中断源、中断嵌套、中断处理过程、保护现场、恢复现场等。

（2）51 单片机有两个外部中断源、两个定时/计数器中断源和一个串口中断源，这五个中断源的入口地址是固定的。与中断有关的特殊功能寄存器对中断的控制起着至关重要的作用，包括定时器控制寄存器 TCON、串行接口控制寄存器 SCON、中断允许寄存器 IE 以及中断优先级寄存器 IP。中断程序包括中断初始化程序和中断服务程序两部分。

（3）51 单片机中断服务函数声明的格式如下：

void 函数名 (void)interrupt n [using m]

{中断服务程序内容}

5.5　习　题　与　思　考

（1）简述中断、中断源、中断源的优先级及中断嵌套的含义。

（2）51 单片机能提供几个中断源，几个中断优先级？各个中断源的优先级怎样确定？在同一优先级中，各个中断源的优先级怎样确定？

（3）简述 51 单片机的中断响应过程。

（4）51 单片机中断有哪两种触发方式，如何选择？对外部中断源的触发脉冲或电平有何要求？

（5）某单片机系统用丁检测压力、温度，另外还需要用定时器 0 作定时控制。如果压力超限和温度超限的报警信号分别由 $\overline{INT0}$、$\overline{INT1}$ 输入，中断优先权排列顺序依次为压力超限→温度超限→定时控制，试确定特殊功能寄存器 IE 和 IP 的内容。

第 6 章　单片机的定时/计数器技术及应用

【小明】：老师，之前我们编写的篮球计分计时器程序，功能一切 OK，通过多次使用发现有个问题，就是计时的时间不太精确，比赛的最后总是和裁判手里的秒表差几秒。

【老师】：有没有思考一下是什么原因？

【小明】：我们几个同学研究了一下，觉得问题应该出在编写的软件延时程序上，由于软件延时的方法对时间精确度的控制不够，因此多次误差的累加就导致了最终的时间不准确。

【老师】：（大拇指）看来你们在学习的过程中很会动脑筋，给你们点 100 个赞，思考的结果十分正确，确实单片机除了通过软件延时以外，还能通过硬件对时间进行精确地控制。这个计时的部件称之为定时/计数器。

引　　言

单片机在实现各种控制功能时，不可避免地涉及定时或者计数操作，如用单片机设计电子时钟、计数器，或根据每秒钟接收脉冲的个数计算信号的频率计数器等，因此定时/计数功能是单片机技术中必不可少的部分，可以实现内部定时和外部事件计数功能。

6.1　定时与计数原理

1. 计数原理

定时/计数器的核心是一个加 1 计数器，当定时/计数器设置在计数方式时，可对外部输入脉冲进行计数，每来一个外部输入脉冲信号，计数器就加 1。在计数工作方式时，单片机在每个机器周期对外部引脚 T0(P3.4) 或 T1(P3.5) 的电平进行一次采样，如果在某一机器周期采样到高电平，在下一机器周期采样到低电平时，则在第三个机器周期计数器加 1。所以在计数工作方式时，是对外部输入的负脉冲进行计数（每个下降沿计数一次），计数器每次加 1 需用 2 个机器周期，因此计数脉冲信号的最高工作频率为机器周期脉冲频率的 1/2，即系统晶振频率的 1/24。

2. 定时原理

当定时/计数器设置在定时方式时，实际上是对内部标准脉冲（由晶体振荡器产生的振荡信号经 12 分频得到的脉冲信号）进行计数，由于此时的计数脉冲的频率与机器周期频率相等，所以可以看成是对机器周期信号进行计数，即 1 个机器周期输入 1 个计数脉冲，定时器加 1。由于机器周期的时间是固定的，所以定时时间就等于计数值乘以机器周期时间。

定时器与计数器原理如图 6 - 1 所示。

当启动了定时/计数器后，定时/计数器就从初始值开始计数，每个脉冲加 1，当计数器全为"1"时，再输入一个脉冲就使计数值回零，这称为"溢出"，此时从计数器的最高位溢出一个脉冲使 TCON 寄存器中的溢出标志位 TF0 或 TF1 置"1"，向 CPU 发中断请求。

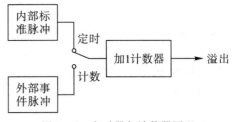

图 6 - 1　定时器与计数器原理

6.2　定时/计数器的控制

51 单片机中的定时/计数器可由定时器工作方式寄存器 TMOD 和定时器控制寄存器 TCON 进行控制。

1. 定时器工作方式寄存器(TMOD)

定时器工作方式寄存器 TMOD 是特殊功能寄存器区中的一个寄存器，单元地址为 89H，不可按位寻址，只能用字节指令设置定时器的工作方式。TMOD 的功能是对 T0 和 T1 的功能、工作方式以及启动方式进行控制，其各位的定义见表 6 - 1，高 4 位对 T1 进行控制，低 4 位对 T0 进行控制，高 4 位与低 4 位的作用相同。

表 6 - 1　TMOD 寄存器各位的定义

TMOD 寄存器位	D_7	D_6	D_5	D_4	D_3	D_2	D_1	D_0
位符号	GATE	C/$\overline{T}$	M1	M0	GATE	C/$\overline{T}$	M1	M0

TMOD 寄存器各位的含义：

(1) GATE——门控位。当 GATE＝0 时，定时/计数器的启动仅受 TR(TCON 中的 TR0 或 TR1)控制，当 TR 为 1 时，定时器开始工作，此时称为软启动方式。当 GATE＝1 时，不但要 TR 为 1，而且外部引脚 $\overline{INT0}$(P3.2)或 $\overline{INT1}$(P3.3)为高电平时，定时/计数器才工作，若两个信号中任意有一个不符合，则定时器不工作，此时称为硬启动方式。

(2) C/$\overline{T}$——功能选择位。当 C/$\overline{T}$＝0 时，设置为定时器用；当 C/$\overline{T}$＝1 时，设置为计数器用。

(3) M0M1——工作方式选择位。M1 和 M0 组合可以定义四种工作方式，见表 6 - 2。

表 6 - 2　定时/计数器工作方式选择

M1M0	工作方式	功 能 描 述
00	方式 0	13 位计数器
01	方式 1	16 位计数器
10	方式 2	自动重装初值 8 位计数器
11	方式 3	T0：分成两个独立的 8 位计数器 T1：停止计数

2. 定时器控制寄存器(TCON)

定时器控制寄存器 TCON 在特殊功能寄存器区中，其地址为 88H，可位寻址，其功能是对定时/计数器的启动、停止、计数溢出中断请求及外部中断请求和外部中断触发方式进行控制。TCON 寄存器中各位的内容及位地址见表 5-1，其中低 4 位是对外部中断进行控制，高 4 位是对定时/计数器进行控制。TCON 寄存器高 4 位中各位的定义如下。

（1）TR0、TR1——分别为 T0、T1 的运行控制位。能否启动定时/计数器工作与TMOD 寄存器中的 GATE 位有关，分两种情况：

① 当 GATE＝0 时，若 TR0 或 TR1＝1，开启 T0 或 T1 计数工作；若 TR0 或 TR1＝0，停止 T0 或 T1 计数。

② 当 GATE＝1 时，若 TR0 或 TR1＝1 且 $\overline{INT0}$ 或 $\overline{INT1}$＝1 时开启 T0 或 T1 计数；若 TR0 或 TR1＝1 但 $\overline{INT0}$ 或 $\overline{INT1}$＝0 时不能开启 T0 或 T1 计数；若 TR0 或 TR1＝0，则停止 T0 或 T1 计数。

（2）TF0、TF1——分别为 T0、T1 的溢出标志位。以 T1 为例，当 T1 计数满溢出时，由硬件自动将 TF1 置"1"。当采用中断方式进行计数溢出处理时（T1 中断已开放），由CPU 硬件查询到 TF 为"1"时，产生定时器 1 中断，进行定时器 1 的中断服务处理，在中断响应后由 CPU 硬件自动将 TF1 清零。当采用查询方式进行计数溢出处理时（T1 的中断是关闭的），用户可在程序中查询 T1 的溢出标志位。当查询到 TF1 为"1"时，跳转去定时器1 的溢出处理，此时在程序中需要用指令将溢出标志 TF1 清零。定时器的溢出标志位 TF0的功能及操作与 TF1 相同。

单片机复位时，TMOD 寄存器和 TCON 寄存器的所有位都被清零。

综上所述，51 单片机定时/计数器的基本结构框图如图 6-2 所示，由两个 16 位定时/计数器 T0 和 T1，及两个定时/计数器控制用寄存器 TCON 和 TMOD 组成。其中 T0 由两个 8 位寄存器 TH0 和 TL0 组成，T1 也由两个 8 位寄存器 TH1 和 TL1 组成。T0 和 T1 用于存放定时或计数的初值，并对定时工作时的内部标准脉冲或计数工作时的外部输入脉冲进行加 1 计数。

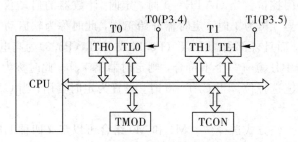

图 6-2 51 单片机定时/计数器基本结构框图

定时/计数器控制寄存器 TCON 主要用于定时/计数器的启动、停止及计数溢出控制，定时/计数器方式寄存器 TMOD 用于定时或计数功能选择、工作方式选择及启动方式选择控制。

6.3 定时/计数器的工作方式

51 单片机定时/计数器共有四种工作方式。当工作在方式 0、方式 1 和方式 2 时，定时器0 和定时器 1 的工作原理完全一样，工作在方式 3 时有所不同。下面以 T0 为例加以说明。

1. 定时器方式 0——13 位定时/计数器

不同工作方式下定时/计数器的逻辑结构有所不同。工作方式 0 是 13 位计数结构，计数器由 TH0 的全部 8 位和 TL0 的低 5 位构成，T0 的高 3 位不用。图 6-3 是定时/计数器 0 工作方式 0 的逻辑结构。

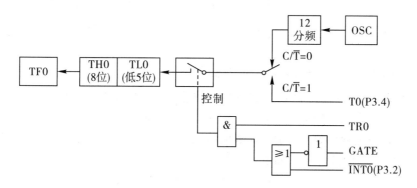

图 6-3　定时/计数器 0 的工作方式 0 逻辑结构

分析上面的逻辑图，当 GATE=0，TR0=1 时，TL0 便在机器周期的作用下开始加 1 计数，当 TL0 计满后向 TH0 进一位，直到把 TH0 也计满，此时计数器溢出，置 TF0 为 1，接着向 CPU 申请中断，接下来 CPU 进行中断处理。在这种情况下，只要 TR0 为 1，计数就不会停止。定时器在各种工作方式下，工作过程都大同小异，下面就逐一讲解定时/计数器的四种工作方式。

在工作方式 0 下，计数脉冲既可以来自芯片内部，也可以来自外部。来自内部的是机器周期脉冲，图 6-3 中 OSC 是英文 Oscillator(振荡器)的缩写，表示芯片的晶振脉冲，经 12 分频后，即为单片机的机器周期脉冲。来自外部的计数脉冲由 T0(P3.4)引脚输入，计数脉冲由控制寄存器 TMOD 的 C/$\overline{\text{T}}$ 位进行控制。当 C/$\overline{\text{T}}$=0 时，接通机器周期脉冲，计数器每个机器周期进行一次加 1，这就是定时器工作方式；当 C/$\overline{\text{T}}$=1 时，接通外部计数引脚 T0(P3.4)，从 T0 引入计数脉冲输入，这就是计数工作方式。

不管是哪种工作方式，当 TL0 的低 5 位计数溢出时，向 TH0 进位；而全部 13 位计数溢出时，向计数溢出标志位 TF0 进位，将其置 1。

定时/计数器的启停控制有两种方法，一种是纯软件方法，另一种是软件和硬件相结合的方法。两种方法由门控位(GATE)的状态进行选择。

当 GATE=0 时，为纯软件启停控制。GATE 信号反相为高电平，经"或"门后，打开了"与"门，这样 TR0 的状态就可以控制计数脉冲的通断，而 TR0 位的状态又是通过指令设置的，所以称为软件方式。当把 TR0 设置为 1，控制开关接通，计数器开始计数，即定时/计数器工作；当把 TR0 清 0 时，开关断开，计数器停止计数。

当 GATE=1 时，为软件和硬件相结合的启停控制方式。这时计数脉冲的接通与断开决定于 TR0 和 T0 的"与"关系，而 IT0P(3.2)是引脚 P3.2 引入的控制信号。由于 P3.2 引脚信号可控制计数器的启停，所以可利用 80C51 的定时/计数器进行外部脉冲信号宽度的测量。

使用工作方式 0 的计数功能时，计数值的范围是 1～8192(2^{13})。使用工作方式 0 的定时功能时，定时时间的计算公式如下：

$$(2^{13} - 计数初值) \times 晶振周期 \times 12$$

或

$$(2^{13} - 计数初值) \times 机器周期$$

其时间单位与晶振周期或机器周期的时间单位相同，为 μs。若晶振频率为 6 MHz，则最小定时时间如下：

$$[2^{13} - (2^{13} - 1)] \times 1/6 \times 10^{-6} \times 12 = 2 \times 10^{-6} = 2 \ \mu s$$

最大定时时间如下：

$$(2^{13} - 0) \times 1/6 \times 10^{-6} \times 12 = 16384 \times 10^{-6} = 16\ 384 \ \mu s$$

2. 定时器工作方式 1——16 位定时/计数器

方式 1 是 16 位计数结构的工作方式，计数器由 TH0 的全部 8 位和 TL0 的全部 8 位构成。它的逻辑电路和工作情况与方式 0 完全相同，所不同的是计数器的位数。

使用工作方式 1 的计数功能时，计数值的范围是 $1 \sim 65\ 536(2^{16})$。使用工作方式 1 的定时功能时，定时时间计算公式如下：

$$(2^{16} - 计数初值) \times 晶振周期 \times 12$$

或

$$(2^{16} - 计数初值) \times 机器周期$$

其时间单位与晶振周期或机器周期的时间单位相同，为 μs。若晶振频率为 6 MHz，则最小定时时间如下：

$$[2^{16} - (2^{16} - 1)] \times 1/6 \times 10^{-6} \times 12 = 2 \times 10^{-6} = 2 \ \mu s$$

最大定时时间如下：

$$(2^{16} - 0) \times 1/6 \times 10^{-6} \times 12 = 131072 \times 10^{-6} = 131072 \ \mu s \approx 131 \ ms$$

3. 定时器工作方式 2——8 位可自动重装初值定时/计数器

工作方式 0 和工作方式 1 有一个共同特点，就是计数溢出后计数器为全 0，因此，循环定时应用时就需要反复设置计数初值。这不但影响定时精度。而且也给程序设计带来麻烦。工作方式 2 就是针对此问题而设置的，它具有自动重新加载计数初值的功能，免去了反复设置计数初值的麻烦。所以工作方式 2 也称为自动重新加载工作方式。

在工作方式 2 下，16 位计数器被分为两部分，TL 作为计数器使用，TH 作为预置寄存器使用，初始化时把计数初值分别装入 TL 和 TH 中。当计数溢出后，由预置寄存器 TH 以硬件方法自动给计数器 TL 重新加载。变软件加载为硬件加载。图 6-4 是定时/计数器 0 在工作方式 2 下的逻辑结构。

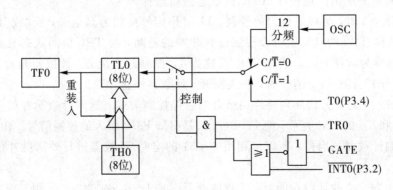

图 6-4   定时/计数器 0 工作方式 2 的逻辑结构

初始化时，8 位计数初值同时装入 TL0 和 TH0 中。当 TL0 计数溢出时，置位 TF0，并用保存在预置寄存器 TH0 中的计数初值自动加载 TL0，然后开始重新计数，如此重复。这样不但省去了用户程序中的重装指令，而且也有利于提高定时精度。但这种工作方式是 8 位计数结构、计数值有限、最大只能到 255。

这种自动重新加载的工作方式适用于循环定时或循环计数。例如，用于产生固定脉宽的脉冲，此外还可以作为串行数据通信的波特率发送器使用。

4. 定时器工作方式 3

在前三种工作方式下，对两个定时/计数器的设置和使用是完全相同的。但在工作方式 3 下，两个定时/计数器的设置和使用是不同的，因此，要分开介绍。

1）工作方式 3 下的定时/计数器 0

在工作方式 3 下，定时/计数器 0 被拆成两个独立的 8 位计数器 TL0 和 TH0，这两个计数器的使用完全不同。

TL0 既可用于计数，又可用于定时。与定时/计数器 0 相关的各个控制位和引脚信号均由它使用。其功能和操作与工作方式 0 或工作方式 1 完全相同，而且逻辑电路结构也极其类似，如图 6-5 所示。

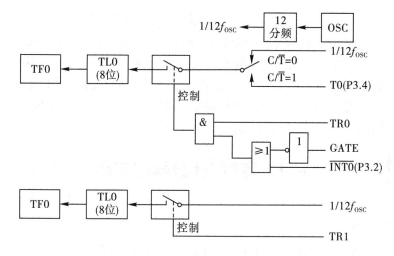

图 6-5 定时/计数器 0 工作方式 3 的逻辑电路结构

工作方式 3 下定时/计数器 0 的另一半是 TH0，只能作简单的定时器使用。而且由于寄存器 TCON 的定时器 0 的控制位已被 TL0 独占，因此，只能借用定时器 1 的控制位 TR1 和 TF1 为其服务。即用计数溢出置位 TF1，而定时的启停则受 TR1 的状态控制。

由于 TL0 既能作定时器使用，也能作计数器使用，而 TH0 只能作定时器使用，所以在工作方式 3 下，定时/计数器 0 可以分解为 2 个 8 位定时器或 1 个 8 位定时器和 1 个 8 位计数器。

2）工作方式 3 下的定时/计数器 1

如果定时/计数器 0 已经工作在工作方式 3，则定时/计数器 1 只能工作在方式 0、方式 1 或方式 2 下，因为它的运行控制位 TR1 及计数溢出标志位 TF1 已被定时/计数器 0 借用。其使用方法如图 6-6 所示。

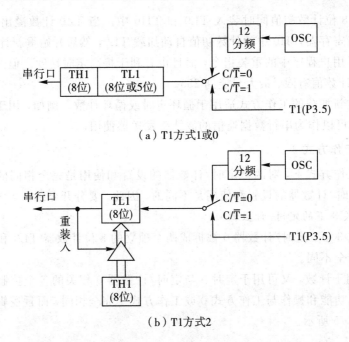

（a）T1方式1或0

（b）T1方式2

图 6-6　工作方式 3 下定时/计数器 1 的使用

　　这时，定时/计数器 1 通常是作为串行口的波特率发生器使用。因为已没有计数溢出标志位 TF1 可供使用，因此只能把计数溢出直接送到串行口。作为波特率发生器使用时，只需设置好工作方式，便可自动运行。若要停止工作，则只需向工作方式选择寄存器 TMOD 送入一个能把它设置为方式 3 的控制字就可以了。因为定时/计数器 1 不能在方式 3 下使用，如果硬把它设置为方式 3，就会停止工作。

6.4　定时/计数器的应用

6.4.1　任务要求

　　使用定时/计数器 0 方式 1 作为延时，要求在 P1.0 和 P1.1 间两灯按 1 s 间隔的方式，互相闪烁。

6.4.2　系统设计

　　根据系统要求画出基于 STC89C52 单片机的控制 LED 的控制框图，如图 6-7 所示。整个系统包括 STC89C52 单片机、晶振电路、电源电路、复位电路和 8 个 LED 流水灯电路。

图 6-7　基于 STC89C52 单片机的控制 LED 的控制框图

6.4.3　硬件设计

本设计以 STC89C52 单片机为主控单元。根据图 3 - 7，可以设计出单片机控制 LED 灯的硬件电路图，如图 6 - 8 所示，其中 STC89C52 单片机及晶振原理图如图 6 - 8(a) 所示，LED 流水灯原理图如图 6 - 8(b) 所示，STC89C52 复位电路原理图如图 6 - 8(c) 所示。

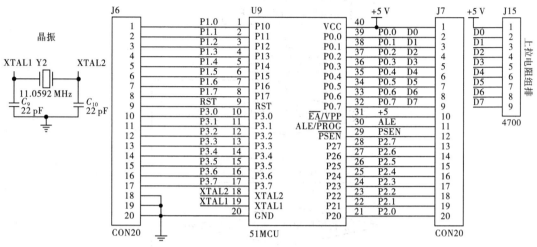

（a）STC89C52单片机及晶振原理图

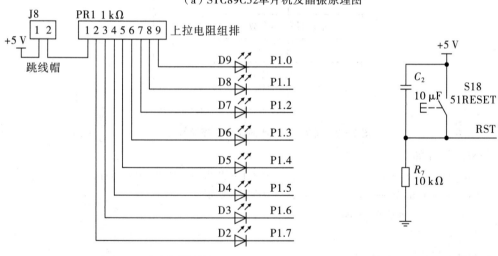

（b）LED流水灯原理图　　　　　　　　　（c）STC89C52复位电路原理图

图 6 - 8　单片机控制 LED 灯的硬件电路图

6.4.4　软件设计

由于定时器直接延时的最大时间 $t_{max}=65\,536\,\mu s$，为延时 1 s，必须采用循环计数方式实现。其方法是：定时器每延时 50ms，单片机内部寄存器加 1，然后定时器重新延时，当内部寄存器计数达 20 次时，表示已延时 1 s。使用定时器 T0 工作于方式 1，延时 50 ms，其程序流程图如图 6 - 9 所示。

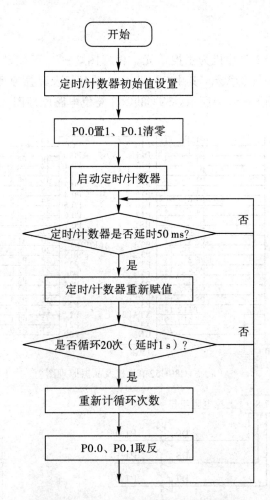

图 6-9　定时/计数器的应用程序流程图

任务程序设计如下：

```c
#include <reg52.h>          //此文件中定义了单片机的一些特殊功能寄存器
#define uint unsigned int    //对数据类型进行声明定义
#define uchar unsigned char
sbit P1_0=P1^0;
sbit P1_1=P1^1;
uint t=0;
/* * * * * * * * * * * * * * * * * * * * * * * * * * * * * * * * * * * * *
定时器 0 中断服务程序
 * * * * * * * * * * * * * * * * * * * * * * * * * * * * * * * * * * * * */
void time0_server_(void) interrupt 1
{
    TH0=(65536-50000)/256;
    TL0=(65536-50000)%256;
    t++;
}
```

```
/* * * * * * * * * * * * * * * * * * * * * * * * * * * * * * * * * * * *
定时器 0 设置
 * * * * * * * * * * * * * * * * * * * * * * * * * * * * * * * * * * */
void Init_t0(void)
{
    TMOD＝0x01；              //定时器 0 工作方式设置
    TH0＝(65536－50000)/256；//定时器 0 高 8 位置初值
    TL0＝(65536－50000)％256；//定时器 0 低 8 位置初值
    EA ＝1；
    ET0＝1；
    TR0＝1；
}
void main()
{
    P1_0＝1；
    P1_1＝0；
    Init_t0()；
    while(1)
    {
        if(t＝＝20)
        {
            t＝0；
            P1_0＝～P1_0；
            P1_1＝～P1_1；
        }
    }
}
```

6.5　本 章 小 结

（1）51 单片机内部有两个 16 位定时/计数器 T0 和 T1，其核心是加 1 计数器，每输入一个脉冲，计数值加 1，当计数值达到全为"1"时，再输入一个脉冲就使计数值回零，同时从最高位溢出一个脉冲产生溢出中断标志。T0 和 T1 的启动和停止由 TMOD 寄存器中的GATE 位、TCON 寄存器中的运行控制位和引脚 P3.4（或 P3.5）外部的信号电平共同控制。

（2）当定时/计数器工作于计数器状态时，计数脉冲来自系统外部的脉冲源，这时定时/计数器对外部事件计数。当定时/计数器工作于定时器状态时，计数脉冲来自系统的时钟振荡器的 12 分频，由于此时的计数脉冲周期是固定的，所以脉冲数乘以脉冲周期时间就是定时时间。

（3）51 单片机内部的定时/计数器有四种工作方式。方式 0 是一个 13 位的定时/计数器，方式 1 是一个 16 位的定时/计数器，方式 2 是可自动重装初值的 8 位定时/计数器。定时器 T0 在方式 3 下分成两个独立的 8 位计数器 TL0 和 TH0，其中 TL0 可用做定时或计数，而 TH0 则固定作定时器用，在方式 3 下，定时器 T1 将停止计数，一般仅用于串行接口的波特率发生器。

（4）在写单片机的定时器程序时，在程序开始处需要对定时器及中断寄存器进行初始化设置，以定时/计数器 0 为例，通常定时器初始化过程如下：

① 对 TMOD 赋值，以确定 T0 和 T1 的工作方式；

② 计算初值，并将初值写入 TH0、TL0；

③ 中断方式时，对 IE 赋值，开放中断；

④ 使 TR0 置位，启动定时/计数器定时或计数。

6.6　习题与思考

（1）已知单片机晶振频率为 6 MHz，要求使用 T1 定时 50 ms，工作在方式 1，允许中断，试计算初值并编写初始化程序。

（2）已知单片机晶振频率是 12 MHz，要求用定时器 T1 定时。每定时 1s 时间到，就使 P1.7 引脚外接的发光二极管的状态发生变化，由亮变暗，或反之。试编写程序。

（3）设 51 单片机晶振频率为 12 MHz，请利用内部定时器 T1 编写从 P1.1 引脚输出 3 ms 矩形波的程序，要求占空比为 2:1（高电平 2 ms，低电平 1 ms）。

（4）用定时/计数器 T1 对外部脉冲计数，工作在方式 2，并将 T1 的计数值从 P1 口输出，经反相器点亮发光二极管，以二进制数的形式显示出来。画出电路图并编写程序。

第 7 章　单片机的串行接口技术及应用

【小明】：老师，在前面我已经了解了单片机可以使用 LED 灯进行状态的显示，使用 LCD 显示屏来进行数字、字母的显示，但是如果要和其他的设备进行信息传递，应该怎么办呢？

【老师】：小明同学，你又发现了一个好问题，单片机如果只是单独使用的话，其功能可以说发挥得并不充分，只有将其与其他设备的信息进行共享，才能更大程度上发挥它的特性，接下来我们就来学习一种常用的通信方式——串行通信，也常被称之为串口通信。

引　　言

串行通信在单片机及嵌入式系统中具有重要的作用，它具有接口简单，易于标准化等特点。在单片机与其他各种模块如 GSM（全球移动通信系统）、GPS（全球定位系统）、OLED（有机发光二极管）、BLUETOOTH（蓝牙）等之间都可以通过串口来进行信息的传递。

7.1　串行通信基本概论

7.1.1　什么是串行通信

通信在本书中一般指设备与设备之间的信号传递，可以是单片机与计算机及其他外部设备之间的信号传递。由于单片机与其他设备之间通常传输的为数字信号，而数字信号的通信方式通常有两种，即并行通信和串行通信。

并行通信是指使用多条数据线，多位数据同时传送的方式。其优点是：通信速度快；缺点是使用线数多、成本高、控制结构复杂，故不宜进行远距离通信，通常传输距离应小于 30 m。计算机或 PLC（Programmable Logic Controller，可编程逻辑控制器）各种内部总线多以并行方式传送数据，常见的 8 位、16 位或 32 位机均是指硬件一次性数据传输的位数。并行通信在本书中不做过多的介绍。

串行通信是指使用一条数据线，将数据一位一位地依次传输。其优点是：只需要少数几条线就可以在系统间交换信息，特别适用于单片机与计算机及外设之间的远距离通信。随着差分传输的发展，增强了串行通信过程中对干扰信号的免疫力，目前串行通信的速度已达到了 1000 兆位每秒数量级。

在串行通信中，传输速率有两个概念，即每秒传送的位数——比特率 bit/s 或 bps（bit per second）以及每秒传送的字符数——波特率（Band rate），其基本单位为波特（Band）。两者的关系如下：

$$比特率＝波特率×单个字符对应的二进制位数$$

比如，我们要每秒传输 100 个字符，则传输速率为 100 波特，而每个字符有 1 个起始位，8 个数据位和 1 个停止位构成。那么，其波特率计算公式如下：

$$100 波特×10 位＝1000 \text{ b/s}$$

7.1.2　串行通信协议格式及方式

在串行通信中以位为方式传输数据、时钟信号，按照时钟信号同步方式，串行通信分为同步通信和异步通信两种方式。

1. 同步通信（SYNC）

在同步通信中，数据或字符用同步字符来表示（1～2 个字符）以实现发送与接收端的同步，一旦检测到约定同步字符，接下来就顺序接收大量数据。其格式如图 7-1 所示。

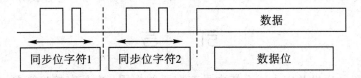

图 7-1　同步通信格式

同步通信方式采用单独的时钟线路，与数据同时传送。发送端在通信过程中负责产生及控制时钟。在接收端，数据位与时钟位一起检测、接收。虽然其速度高于异步通信传送，但其对硬件结构要求较高。

2. 异步通信（ASYNC）

在异步通信中，数据或字符是以"帧"的形式进行传送的。帧的定义是一个字符的完整通信格式。没有固定的格式，常见的帧的格式一般是以一个起始位"0"表示字符的开始；然后是 5～8 位的数据，低位在前，高位在后；后跟奇偶校验位（可选）；最后为停止位。如图 7-2 所示。

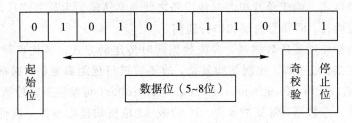

图 7-2　异步通信格式

在异步通信中，由于每一帧的格式固定，通信双方只需按照约定的帧格式来发送和接收数据即可，而且由于可以利用奇偶校验位来进行错误测试，故稳定性较好，在单片机中应用广泛。

串口数据通信的传输方式：常用于数据通信的传输方式有单工、半双工和全双工方式。

（1）单工方式：数据仅按一个固定方向传送。因而这种传输方式的用途有限，常用于串行口的打印数据传输与简单系统间的数据采集。

（2）半双工方式：数据可实现双向传送，但不能同时进行，实际的应用采用某种协议实现收/发开关转换。

（3）全双工方式：允许双方同时进行数据双向传送，但一般全双工传输方式的线路和设备较复杂。

7.2　串行口工作原理

为了使单片机能实现串行通信，在单片机芯片内部一般都设计了串行接口电路。51单片机的串行口是一个可编程的全双工串行通信接口，分别为单片机的 P3.0 脚（RXD）和 P3.1 脚（TXD）引脚，通过软件编程，它可以作为通用异步接收和发送器（UART），也可作为同步移位寄存器用。串行口的结构图如图 7-3 所示。

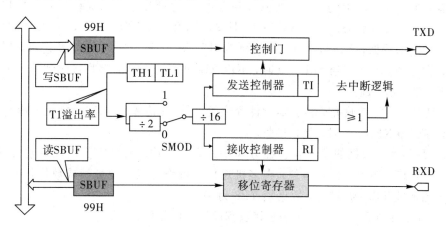

图 7-3　串行口的结构图

由图 7-3 可见，它的组成部分是两个数据缓冲器（SBUF）和一个输入移位寄存器及一个串行控制寄存器（SCON）。定时器 T1 常用做波特率发生器。接收与发送缓冲寄存器 SBUF 占用同一个地址 99H，其寄存器名也为 SBUF。当写入 SBUF 时，一方面修改发送寄存器，同时又启动数据串行发送；CPU 读 SBUF 时，就是读接收寄存器。特殊寄存器 PCON 的最高位 SMOD 为串行口波特率的倍增控制位。特殊功能寄存器 SCON 用以存放串行口的控制和状态信息。51 单片机串行口通过对其专用寄存器的设置、检测与读取来管理串行通信。

7.2.1　串行口的专用寄存器

1. 串行口控制寄存器 SCON

在前面提到，SCON 是可以进行位寻址的 8 位寄存器，地址为 98H。其相关的结构如图 7-4 所示。

SCON	9FH	9EH	9DH	9CH	9BH	9AH	99H	98H
（98H）	SM0	SM1	SM2	REN	TB8	RB8	TI	RI

图 7-4　SCON 相关的位及含义

（1）SM0、SM1：串行口工作方式选择位。不同的设置对应不同的工作方式。如表 7-1 所示。

表 7-1   工作方式的设计

SM0	SM1	工作方式	功能描述	波特率
0	0	方式 0	8 位同步移位寄存器	$f_{osc}/12$
0	1	方式 1	10 位 UART	可变
1	0	方式 2	11 位 UART	$f_{osc}/64$ 和 $f_{osc}/12$
1	1	方式 3	11 位 UART	可变

注：f_{osc} 为单片机晶振频率。后同。

（2）SM2：在方式 0 中，应置"0"。在方式 1 中，当处于接收状态时，若 SM2=1，则只有收到有效的停止位时 RI 置"1"。方式 2 和方式 3，主要用于多机通信控制。当其处于方式 2 和方式 3 的接收状态时，若 SM2=1，且接收到第 9 位 RB8 为"0"，则 RI 不置"1"，不接收主机发来的数据；若 SM2=1，且 RB8 为"1"，则 RI 置"1"，产生中断请求，将接收到的 8 位数据送到 SBUF。当 SM2=0 时，不论 RB8 的状态如何，都将接收到的 8 位数据送入 SBUF，并产生中断。

（3）REN：串行接收允许位。需软件置位或复位（即清零）。REN=1 时，串行口允许接收，清零后即 REN=0 时，禁止接收。

（4）TB8：发送数据的第 9 位。在方式 2 或方式 3 中，根据需要由软件置位或复位。双机通信时，其可用于奇偶校验位；在多机通信中可作为区别地址帧或数据帧的标识位。一般设定当地址 TB8 为"1"时，数据帧 TB8 为"0"。

（5）RB8：在方式 2 和式 3 中表示接收到的第 9 位数据。

（6）TI：发送中断标志位。在方式 0 中，发送完成 8 位数据后，由硬件置位；在其他方式中，在发送停止位之初由硬件置位。TI=1 时，可申请中断，也可供软件查询。所有方式均需软件清零。

（7）RI：接收中断标志位。在方式 0 中，接收完 8 位数据后，由硬件置位；在其他方式中在接收停止位的中间，由硬件置位。RI=1 时，可申请中断，也可供软件查询用。所有方式均需软件清零。

2. 专用寄存器 PCON(87H)

PCON 的位及定义如图 7-5 所示。

PCON	D7	D6	D5	D4	D3	D2	D1	D0
(87H)	SMOD				GF1	GF0	PD	IDL

图 7-5   PCON 寄存器的位及含义

PCON 是 8 位特殊功能寄存器，地址是 87H，不可位寻址。其低 7 位用于电源控制。只有 PCON 的最高位 SMOD 用于串行口的波特率的控制。在方式 1、2、3 下，当 SMOD=1 时，相应的波特率×2，当 SMOD=0（默认）时，波特率不变。

7.2.2　串行口的工作方式

单片机的串行口有四种工作方式，用特殊功能寄存器 SCON 中的 SM0、SM1 两位进行控制。

1. 方式 0

方式 0 下，串行口为同步移位寄存器方式，波特率固定为 $f_{osc}/12$。这时的传送，无论是数据输入还是数据输出，均由 RXD(P3.0)端完成，由 TXD(P3.1)端输出移位时钟脉冲。发送和接收一帧的数据为 8 位二进制，不设起始位和停止位，低位在前，高位在后。如图 7 - 6 所示。一般用于 I/O 口扩展。

	…	D0	D1	D2	D3	D4	D5	D6	D7	…	

图 7 - 6　方式 0 的数据结构

(1) 方式 0 发送。数据从 RXD 输出，TXD 引脚输出同步脉冲，当一个数据写入 SUBF，串行口将 8 位数据以固定的波特率 $f_{osc}/12$ 从 RXD 引脚输出，从低位到高位，发送完毕之后，硬件置中断标志 TI＝1，请求中断，再次发送数据之前，软件必须将 TI 置 0。

(2) 方式 0 接收。在满足 REN＝1(即：读数据使能端)和 RI＝0(即：读数据无中断发生)时，串行口允许输入。数据从 RXD 输入，TXD 引脚输出同步脉冲，接收器以固定的波特率 $f_{osc}/12$ 对 RXD 引脚输入的数据进行接收。从低位到高位，接收完毕之后，硬件置中断标志 RI＝1，请求中断，再次接收数据之前，软件必须将 RI 置 0。

注意：在方式 0 下工作，必须使寄存器中 SM2＝0。

下面对串行口的工作方式 0 进行举例说明。

示例 7.1　串口发送数据转换为并口数据，通过 74LS164 完成。

功能：将并行输出口进行了扩展，将 2 位扩展到 8 位，实现了单片机输出端口的扩展。为了方便演示，通过串口控制 8 个 LED 状态。系统原理图如图 7 - 7 所示。74LS164 的功能如表 7 - 2 所示。

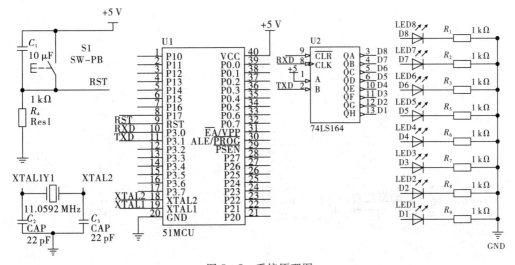

图 7 - 7　系统原理图

表 7-2　74LS164 的功能表

引脚	输 入 引 脚				输 出 引 脚			
引脚	CLR	CLK	A	B	Q_A	Q_B	...	Q_H
引脚状态	0	X	X	X	0	0	...	0
	1	0	X	X	Q_{AO}	Q_{BO}	...	Q_{HO}
	1	↑	1	1	1	Q_{An}	...	Q_{Gn}
	1	↑	0	X	0	Q_{An}	...	Q_{Gn}
	1	↑	X	0	0	Q_{An}	...	Q_{Gn}

注：表 7-2 中，"X"表示高电平或者低电平，"↑"表示低电平转高电平。

核心代码如下：

```
void main()
{ uchar d = 0x80;
  SCON = 0x00;           //设置串口模式 0，移位寄存器输入/输出方式
  while(1)
  { d = _crol_(d, 1);    //将信号每传送一次，位移一次
    SBUF = d;
    while(TI == 0);      //等待发送结束
    TI = 0;              //软件清零
    delay_ms(800);       //每次数据位移，耗时 800 ms
  }
}
```

当执行写入 SBUF 指令时，串行口把 SBUF 中的 8 位数据以 $f_{OSC}/12$ 的波特率从 RXD 输出，发送完毕后 TI=1。同时在 TXD 上输出 $f_{OSC}/12$ 移位时钟，使用 74LS164 实现了 "串入并出"移位寄存功能。

示例 7.2　串口接收数据转换为并口数据，通过 74LS165 完成。其系统电路图如图7-8 所示。74LS165 的功能为"并入串出"移位寄存器。

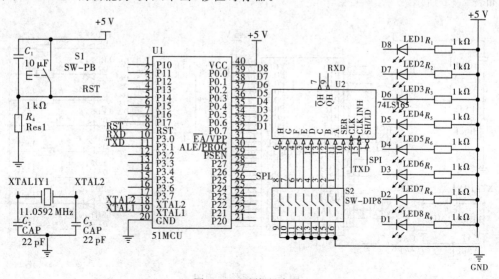

图 7-8　系统电路图

功能：将并行输出口进行了扩展，将 2 路扩展到 8 路，实现了单片机输入端口的扩展。在图 7 - 8 中，SW - DIP8 为 8 路并行输入。

核心代码如下：

```
sbit SPL = P2^5            //将 74LS165 的置数端放连至 P2.5 口
void main()
{
    SCON= 0x10；           //设置串口模式 0，允许串口接收，即 REN＝1
    while(1)
    {   SPL = 0；          //置数
        SPL = 1；          //锁存数据，开始移位转换
        while(RI = 0)；    //等待发送结束
        RI = 0；           //软件清零
        P0 = SBUF；        //将收到的数据写入 P0 口
        delay_ms(50)；     //延时
    }
}
```

接收时，用软件置 REN＝1(同时，RI＝0)，即开始接收，TXD(P3.1)脚上输出低电平的移位时钟。使用 74LS165 实现了"并入串出"移位寄存功能。

2. 方式 1

在方式 1 下，串行口为 8 位通用异步通信接口，波特率可变。一帧信息包括 1 位起始位"0"(自动添加)、1 位停止位"1"(自动添加)、8 位数据位(低位在前，高位在后)。其传送波特率可调。方式 1 是使用最多设备默认的通信方式。方式 1 的数据结构如图 7 - 9 所示。

图 7 - 9　方式 1 的数据结构

(1) 方式 1 发送。数据由 TXD 输出，CPU 通过执行写入发送缓冲器 SBUF 的指令启动发送。当数据发送完毕，硬件置中断标志 TI＝1，再次发送数据之前，需软件将 TI 置 0。其时序图如图 7 - 10 所示。

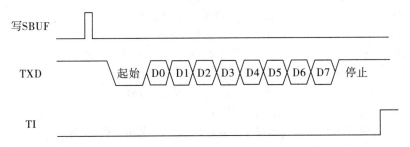

图 7 - 10　方式 1 发送数据时序图

示例 7.3　单片机与 PC 之间的模拟 RS232 通信——发送。

功能：通过单片机向 PC 发送字符串"I like this book!"。

任务分析：PC 的 RS232 串行口是一种国际标准的异步通信接口，通过它，PC 可能连接各种不同的现场总线。其内部具有一个或多个异步串行收发器设备，但 PC 和单片机相连接时，中间必须使用电平转换电路，在下节进行详细的说明。

电路连接原理图如图 7 - 11 所示。任务可分解为三个部分：① 初始化部分；② 发送数据子程序；③ 主程序部分。

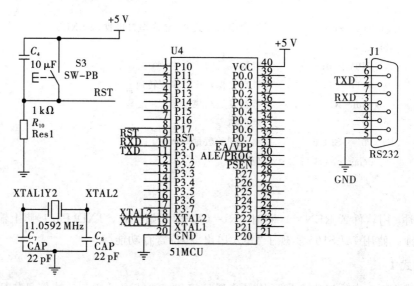

图 7 - 11　电路连接原理图

初始化部分如下：

```
/ * * * * * * * * * * * * * * * * * * * * * * * * * * * * * * * * * * * * * * * * * *
    函数名：        initUart
    作用：          初始化串口，发送模式
    参数说明：      无
    返回值：        无
    * * * * * * * * * * * * * * * * * * * * * * * * * * * * * * * * * * * * * * * * /
void initUart(void)
{
    SCON = 0x40;        //串口工作在方式 1
    TMOD = 0x20;        //T1 工作在模式 2，自动装载初值
    PCON = 0x00;        // SMOD=0，波特率不加倍
    TL1 = 0xFD;         // fosc=11.0592 MHz，TH1、TL1 具体计算请看下一小节计算
    TH1 = 0xFD;         //波特率设为 9600，初值为 FD
    TI= 1;              // SBUF 已清空，可以发送数据
    TR1= 1;             //启动定时器 1
    delay_ms(200);      //延时 200 ms，子程序可详见第 3 章，下同
}
```

发送数据子程序如下：

```
/ * * * * * * * * * * * * * * * * * * * * * * * * * * * * * * * * * * * * * * * * * *
```

```
    函数名：          put_c_to_SerialPort
    作用：            发送单个字符
    参数说明：        无符号字符
    返回值：          无
   * * * * * * * * * * * * * * * * * * * * * * * * * * * * * * * * * * * * * * * * /
   void put_c_to_SerialPort(uchar c)    //发送单个字符
   {
       SBUF = c;                        //将一个字符送到串口
       while(TI==0);                    //等待发送结束
       TI=0;                            //软件清零，等待再次发送
   }
/ * * * * * * * * * * * * * * * * * * * * * * * * * * * * * * * * * * * * * * * *
    函数名：          put_s_to_SerialPort
    作用：            发送字符串
    参数说明：        字符串首地址，或字符串
    返回值：          无
   * * * * * * * * * * * * * * * * * * * * * * * * * * * * * * * * * * * * * * * * /
   void put_s_to_SerialPort(uchar * s)  //发送字符串
   {
       while( * s != '\0')               //发送字符串，至结束符号"\0"
       {
         put_c_to_SerialPort( * s);      //依次发送字符
         s++;                           //指下一个字符
         delay_ms(10)
   }
```

主程序部分如下：

```
   void main()
   {
       initUart();                      //初始化串口
       uchar d = 0;
       while(1)
       {
         put_s_SerialPort("I like this book!")
         delay_ms(100)
       }
   }
```

（2）方式 1 接收。当满足 REN=1 时（即：读数据使能端），串行口处于方式 1 接收状态。数据由 RXD 输入，当接收到数据的起始位（即从"1"到"0"的跳变）时，接收器启动，将 8 位数据送至 SBUF。当数据接收完毕，将停止送入 RB8，硬件置中断标志 RI=1，再次接收下一组数据之前，软件需将 RI 置 0。其时序图如图 7‑12 所示。

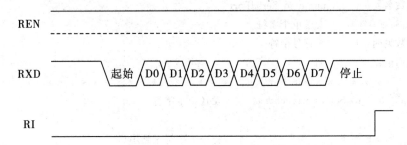

图 7 - 12　方式 1 接收数据时序

示例 7.4　单片机与 PC 之间的 RS232 通信——单片机接收。

功能：通过 PC 向单片机发送字符 0~9，之后显示出来。

任务分析：电路连接如图 7 - 13 所示。任务分解可为三个部分：① 初始化部分；② 串口中断程序；③ 主程序部分。其实验原理图如图 7 - 13 所示。

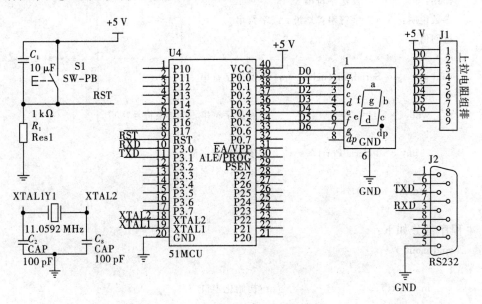

图 7 - 13　电路连接及实验原理图

初始化部分程序如下：

```
/* * * * * * * * * * * * * * * * * * * * * * * * * * * * * * * * * * * * *
    函数名：         initUart_r
    作用：           初始化串口，接收模式
    参数说明：       无
    返回值：         无
  * * * * * * * * * * * * * * * * * * * * * * * * * * * * * * * * * * * */
void initUart_r(void)
{
    SCON = 0x50;        //串口工作在方式 1，且 REN=1，即允许接收
    TMOD = 0x20;        //T1 工作在模式 2，自动装载初值
    PCON = 0x00;        // SMOD=0，波特率不加倍
```

```
        TL1 = 0xFD;                // fosc=11.0592 MHz，具体计算请看下一小节计算
        TH1 = 0xFD;                //波特率设为 9600，初值为 FD
        EA = 1;                    //打开总中断
        ES = 1;                    //允许串口中断
        TR1 = 1;                   //启动定时器 1
        delay_ms(200);             //延时
    }
```

串口中断程序如下：

```
/* * * * * * * * * * * * * * * * * * * * * * * * * * * * * * * * *
    函数名：        Serial_INT
    作用：          串口中断程序
    参数说明：      无
    返回值：        无
  * * * * * * * * * * * * * * * * * * * * * * * * * * * * * * * */
void Serial_INT() interrupt 4
{
    if(RI==0)
    return;                        //如果 RI=0，即没接收到信号，无操作
    ES = 0;                        //如果 RI=1，即接收到信号后，关中断
    RI = 0;                        //清 RI，方便下一数据接收
    c = SBUF;                      //将 SBUF 中的数据取出
    if(c>='0'&&c<='9')             //如果接收到的数据为 0～9，则显示至 P0 口
    {
        P0 = ~Disp[c-'0']         //查表显示 0～9 的 7 段码，正码显示
    }
    ES = 1;                        //开中断，进行下一数据的操作
}
```

其中，unsigned char cod Disp[10] ={0xc0，0xa4，0xb0，0x99，0x92，0x82，0xf8，0x80，0x90，0x88}；//LED 反码 0～9

主程序部分如下：

```
void main()
{
  P0 = 0x00;                       //初始化 P0 口
  void initUart_r()                //初始化接收模式下的串口
  while(1);                        //等待中断触发
}
```

3. 方式 2 与方式 3

在方式 2 与方式 3 下，串行口均为 9 位异步通信接口。一帧信息包括 1 位起始位"0"（自动添加）、1 位停止位"1"（自动添加）、8 位数据位（低位在前，高位在后），1 位控制/校验位。两种方式，仅传送波特率可调。其数据传输结构如图 7-14 所示。

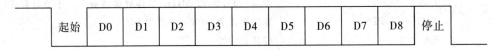

图 7-14　方式 2、3 的数据传输结构

（1）发送。数据由 TXD 输出，8 位数据位写入发送缓冲器 SBUF 中，1 位控制/校验位写入 SCON 中的 TB8 位。CPU 通过执行写入发送缓冲器 SBUF 的指令启动发送，TB8 位的控制/校验位自动加载至数据的第 9 位。当数据发送完毕，硬件置中断标志 TI＝1，再次发送数据之前，软件需将 TI 置 0。

（2）接收。与方式 1 相似。另外，当 RI＝0，且 SM2＝0 或接收到的第 9 位控制/校验位为 1 时，8 位数据移进 SBUF，1 位控制/校验位送入 SCON 中的 RB8 位，置位中断标志位 RI＝1；否则接收无效，且 RI 不变。

7.2.3　串行口的波特率设置

通信中波特率的选用，不仅和所选的通信设备、传输距离有关，还受到传输线状况的限制，常用的波特率是：1200、2400、4800、9600、19 200 波特等。而且，不同的通信方式所产生的波特率的设置形式是不同的。

1. 方式 0 的波特率设置

在工作方式 0 下，其波特率固定如下：

$$波特率＝\frac{f_{\text{osc}}}{12}$$

2. 方式 1 和方式 3 的波特率设置

在方式 1 和 3 的工作方式下，其波特率由定时器的溢出率来决定，其公式如下：

$$波特率＝\frac{2^{\text{SMOD}}}{32}\times\underbrace{\frac{f_{\text{osc}}}{12}\times\frac{1}{2^{k}－初值}}_{定时器1的溢出率}$$

式中，k 为定时器 T1 的位数，SMOD 为波特率倍增位。表 7-3 中给出了不同方式下 k 的取值。

表 7-3　不同工作方式下 k 的取值

定时器的工作方式 0	$k＝13$
定时器的工作方式 1	$k＝16$
定时器的工作方式 2	$k＝8$
定时器的工作方式 3	$k＝8$

示例 7.5　当 $f_{\text{osc}}＝11.0592\ \text{MHz}$，且 SMOD＝0 时，定时器的工作方式 2 的波特率设为 9600。

代入公式：

$$波特率＝\frac{2^{\text{SMOD}}}{32}\times\frac{f_{\text{osc}}}{12}\times\frac{1}{2^{k}－初值}$$

即

$$9600 = \frac{2^0}{32} \times \frac{11.0592 \times 10^6}{12} \times \frac{1}{2^8 - 初值}$$

可计算得到，初值＝253，将其进行十六进制转换：初值＝$(FD)_{16}$。

3. 方式 2 的波特率设置

在工作方式 2 下，其波特率公式如下：

$$波特率 = \frac{f_{OSC}}{64} \times 2^{SMOD}$$

由于其决定参数只有一个 SMOD，故当 SMOD＝0 时，所选波特率为 $f_{OSC}/64$，若 SMOD＝1 时，所选波特率则为 $f_{OSC}/32$。

定时器 T1 作为串行口波特率发生器时，通常选择工作方式 2，因为定时器 T1 在工作方式 2，即重装计数器形式下。

为避免复杂的计算，一些常用的波特率和定时器 T1 的初值关系在表 7－4 中给出，以供参考。

表 7－4　常用的一些波特率和定时器 T1 的初值关系

比特率或波特率		f_{OSC}/MHz	SMOD	定时器 T1		
				$C/\overline{T}$	方式	重装值
方式 0	1 Mbps	12	X	X	X	X
方式 1、3	9600 Band	11.0592	0	0	2	FDH
	4800 Band					FAH
方式 2	375 kbps	12	1	X	X	X
	750 kbps					

注：表 7－4 中的"X"表示任意值。

7.3　基于串行口通信的软硬件设计

7.3.1　任务要求

基于串行口通信的软硬件设计任务要求包括：

(1) 单片机与 PC 之间的实际通信；

(2) 单片机 INT0 引脚接一个按键，当按键按下时，单片机向 PC 发送"ABCDEFG"，PC 机向单片机发送"0～9"中任意一个数字，并在数码管上显示出来；

(3) 下载程序到单片机中，运行程序观察结果并进行软硬件的联合调试。

7.3.2　系统设计

由于 PC 内部相似于 8051 异步串行收发器设备，并且 RS232 的电平信号与单片机的 TTL 电平信号不同，见表 7－5，因此必须加入电平转换单元 MAX232 模块，将其变成 TTL 电平。其系统结构图如 7－15 所示。

表 7-5　RS232 的电平信号与单片机的 TTL 电平信号

RS232				TTL			
数字信号	信号电压/V			数字信号	信号电压/V		
	最小值	典型值	最大值		最小值	典型值	最大值
高电平	−10	−12	−15	高电平	4.5	5	5.5
低电平	10	12	15	低电平	−0.2	0	0.6

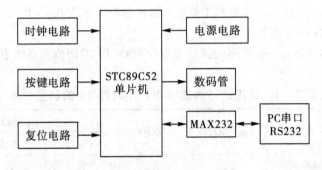

图 7-15　系统结构图

7.3.3　硬件设计

加入典型的 MAX232 模块，在上节系统结构图的基础上进行设计。电路原理图如图 7-16 所示。

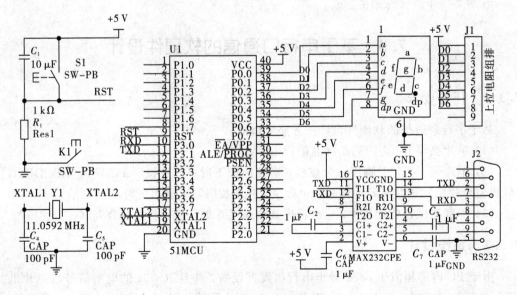

图 7-16　电路原理图

7.3.4　软件设计

设计思路流程图如图 7 - 17 所示。

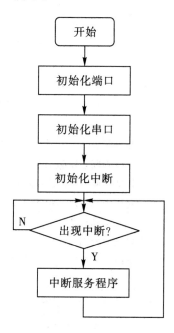

图 7 - 17　软件流程图

分别进行中断初始化、外部中断 INT0、串口中断程序、串口初始化、主程序几个模块的编程。

程序如下：

```
/ * * * * * * * * * * * * * * * * * * * * * * * * * * * * * * * * * * * * *
头文件、宏定义、LED 码表
* * * * * * * * * * * * * * * * * * * * * * * * * * * * * * * * * * * * */
#include<reg52.h>            //定义单片机的一些特殊功能寄存器
typedef unsigned char unchar
unsigned char cod Disp[10] = {0xc0, 0xa4, 0xb0, 0x99, 0x92, 0x82, 0xf8, 0x80, 0x90,
                              0x88}; //LED 反码 0~9
/ * * * * * * * * * * * * * * * * * * * * * * * * * * * * * * * * * * * *
函数名：     delay_ms
作用：       延迟函数，毫秒
参数说明：   ms 代表延时 ms 个毫秒
返回值：     无
* * * * * * * * * * * * * * * * * * * * * * * * * * * * * * * * * * * */
void delay_ms(unchar ms)     //定义延时函数
{
  unchar i;                  //变量定义
  while(ms——)
```

```
    for(i=0; i<124; i++);   //延时 1ms
}
/* * * * * * * * * * * * * * * * * * * * * * * * * * * * * * * * * * * * * *
函数名：        initInt
作用：    中断初始化
参数说明：无
返回值：无
  * * * * * * * * * * * * * * * * * * * * * * * * * * * * * * * * * * * * */
void initInt()
{
    EA=1;                //开中断
    EX0=1;               //允许中断，外部中断 0
    IT0=1;               //外部中断 0，下降沿触发
    ES=1;                //允许中断，外部中断 0
    IP=0x01;             //外部中断优先
    TR1=1;               //启动定时器
    delay_ms(50);        //延时
}
/* * * * * * * * * * * * * * * * * * * * * * * * * * * * * * * * * * * * *
函数名：        Ex_INT
作用：          外部中断服务程序，外部中断 INT0
参数说明：      无
返回值：        无
  * * * * * * * * * * * * * * * * * * * * * * * * * * * * * * * * * * * * */
void Ex_INT()   interrupt 0
{
    uchar * s = "From 8051! \r\n";
    uchar i = 0;
    while(s[i]!='\0')
    {  SBUF= s[i];
       while(TI == 0);
        TI = 0;
        i++}
}
/* * * * * * * * * * * * * * * * * * * * * * * * * * * * * * * * * * * * *
函数名：        Serial_INT
作用：          串口中断服务程序
参数说明：      无
返回值：        无
  * * * * * * * * * * * * * * * * * * * * * * * * * * * * * * * * * * * * */
void Serial_INT()   interrupt 4
{
```

```
    if(RI==0)
    return;                       //如果 RI=0，即没接收到信号，无操作
    ES = 0;                       //如果 RI=1，即接收到信号后，关中断
    RI = 0;                       //清 RI，方便下一数据接收
    c = SBUF;                     //将 SBUF 中的数据取出
    if(c>='0'&&c<='9')            //如果接收到的数据为 0～9，则显示至 P0 口
    {
        P0 = ～Disp[c-'0']        //查表显示 0～9 的 7 段码，正码显示
    }
    ES = 1;                       //开中断，进行下一数据的操作
}
```

```
/* * * * * * * * * * * * * * * * * * * * * * * * * * * * * * * * *
```

函数名：　　　　　initUart

作用：　　　　　初始化串口方式 1，允许接收

参数说明：　　　　无

返回值：　　　　　无

```
  * * * * * * * * * * * * * * * * * * * * * * * * * * * * * * * * */
void initUart ()
{
    SCON = 0x50;                  //串口工作在方式 1，且 REN=1，即允许接收
    TMOD = 0x20;                  //T1 工作在模式 2，自动装载初值
    PCON = 0x00;                  //SMOD=0，波特率不加倍
    TL1 = 0xFD;                   //$f_{osc}$=11.0592 MHz，具体计算请看上一小节计算
    TH1 = 0xFD;                   //波特率设为 9600，初值为 FD
    delay_ms(200);               //延时
}
void main()
{
    P0 = 0x00;                    //初始化 P0 口
    initUart();                   //初始化串口
    initInt();                    //初始化中断
    while(1);                     //等待中断触发
}
```

　　注意事项：在本程序调试的过程中需要通过"串行助手"等软件进行协助，波特率的设定必须与程序中的设置一致。

7.4　本　章　小　结

　　本章主要讲述了串口通信、RS232 接口的知识和 51 单片机的几种工作模式，并以方式 1 为例进行了详细的说明，在最后给出了相应的实用案例。

7.5　习题与思考

(1) 并行通信与串行通信的主要区别是什么？各自的特点是什么？

(2) 异步通信与同步通信的主要区别是什么？

(3) 51 单片机串口设有几个控制寄存器？作用分别是什么？

(4) 使用定时器作为串口的波特率发生器时，常采用的定时器的工作方式是哪种？为什么？

(5) (扩展)串行口是否可以进行多机通信？其原理是什么？与双机通信的区别是什么？

第 8 章　单片机矩阵键盘设计及应用

【小明】：老师，我们之前学习了独立按键，原理是一个 I/O 口对应一个按键。可是，如果我要接一个类似于电脑键盘这样的，有很多按键的输入设备，但是单片机并没有那么多的 I/O 口啊？

【老师】：小明同学，你的这个问题问得非常好！单片机的 I/O 口是非常有限的，不可能用那么多 I/O 口来接键盘的。为了解决这个问题，工程师设计了一种键盘——矩阵键盘，可以用很少的线连接很多的按键。矩阵键盘的编程并不复杂，下面我们就来一起学习一下。

引　　言

当按键数量较多时，为了减少 I/O 口的占用，通常将按键排列成矩阵形式。在矩阵式键盘中，每条水平线和垂直线在交叉处不直接连通，而是通过一个按键加以连接。这样，一个端口（如 P1 口）就可以构成 4×4＝16 个按键，比直接将端口线用于键盘多出了一倍，而且线数越多，区别越明显。

8.1　矩阵键盘的工作原理

8.1.1　行列扫描工作原理

4×4 矩阵键盘的原理图如图 8－1 所示，采用单片机 P3 口的八个 I/O 口控制 16 个按键，其中 P3.0～P3.3 接矩阵键盘的行线，P3.4～P3.7 接矩阵键盘的列线。

行列扫描方法是：行线 P3.0～P3.3 为输出线，列线 P3.4～P3.7 为输入线。一开始单片机将行线（P3.0～P3.3）全部输出低电平，此时读入列线数据，若列线全为高电平，则没有键按下，当列线有出现低电平时，调用延时程序来去除按键抖动。延时完成后再判断是否有低电平，如果此时读入列线数据还是有低电平，则说明确实有键按下。最后一步确定键值。以第二行的 S5 键为例，若按下 S5 后应该怎么得到这个键值呢？当判断确实有键按下之后，行线轮流输出低电平，根据读入列线的数据可以确定键值。首先，单片机将 P3.0 输出为低电平，其他 P3.1～P3.3 输出高电平，此时读取列线的数据全为高电平，说明第一行没有键按下；其次，单片机将 P3.1 输出低电平，其他 P3.0、P3.2、P3.3 仍为高电平，此时再来读取列线数据，发现列线读到的数据有低电平，数值为 1110（0×0E），如果键盘布局已经确定，那么 0x0E 就代表 S5 的值了。

16 个按键的键值规定为（1，2，…，16）。如果函数返回值为 1，则表示按键 S1 被按下，如果返回值为 15，则表示按键 S15 被按下，其他的类似。

行列扫描法代码：

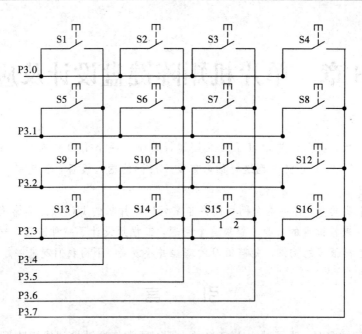

图 8-1 4×4 矩阵键盘原理图

```
/* * * * * * * * * * * * * * * * * * * * * * * * * * * * * * * * * * * *
函数名：        Get_Keyvalue_RowColumn_Scan
作用：          行列扫描法获得按键值
参数说明：      无
返回值：        返回按下的按键值
 * * * * * * * * * * * * * * * * * * * * * * * * * * * * * * * * * * * */
unsigned charGet_Keyvalue_RowColumn_Scan(void)
{
    P3＝0xfe;          //第一行为 0，其余行为高电平
    temp＝P3;          //temp 为定义的局部变量，读取 P3 口的状态
    temp＝temp & 0xf0; //与 0xf0 相与
    if(temp!＝0xf0)    //如果不等于 0xf0,则表示有按键按下
    {
    delay(10);        //延时消抖
    if(temp!＝0xf0)    //再次判断，消抖
    {
        temp＝P3;      //读取 P3 口的电平
        switch(temp)   //判断读取 P3 口的状态
        {
        case 0xee:     //第一列
            KeyValue＝1;// KeyValue 是一个变量，用来保存按键的值
        break;
        case 0xde:     //第二列
            KeyValue＝2;
        break;
```

```
    case 0xbe:              //第三列
        KeyValue =3;
        break;
    case 0x7e:              //第四列
        KeyValue =4;
        break;
    }
    while(temp!=0xf0)       //判断按键是否抬起来
    {
      temp=P3;
      temp=temp&0xf0;       //行清零
    }
    }
    }
    P3=0xfd;                //第二行为 0
    …                       //此处代码和上面的类似
    P3=0xfb;                //第三行为 0
    …                       //此处代码和上面的类似
    P3=0xf7;                //第四行为 0
    …                       //此处代码和上面的类似
    return KeyValue;        //返回按下的按键值
}
```

8.1.2　行列反转工作原理

接线图还是如图 8-1 所示,单片机 P3 口的八个 I/O 口控制 16 个按键,其中 P3.0～P3.3 接矩阵键盘的行线,P3.4～P3.7 接矩阵键盘的列线。

行列反转法就是通过给单片机的 P3 端口赋值两次,最后得出所按键值的一种方法。

行列反转法原理如下:

(1) 给 P3 口赋值 0x0f,即 00001111,假设按键 S1 按下,则此时的 P3 口的实际值为 00001110;

(2) 给 P3 口再赋值 0xf0,即 11110000,如果按键 S1 按下,则此时 P3 口的实际值为 11100000;

(3) 把两次 P3 口的实际值相加,得 11101110,即 0xee。

由此,便得到按键 S1 按下的数值,即 0xee,以此类推可以得到其他 15 个按键的键值。16 个按键的键值规定为(1, 2, …,16)。如果函数返回值为 1,则表示按键 S1 被按下,如果返回值为 15,则表示按键 S15 被按下,其他的类似。

行列反转法参考程序:

```
/ * * * * * * * * * * * * * * * * * * * * * * * * * * * * * * * * * *
函数名:   Get_Keyvalue_RowColumn_Reverse
作用:     行列反转法获得按键值
参数说明: 无
```

返回值：　　返回按下的按键值

* */

```c
#define GPIO_KEY  P3   //宏定义，定义矩阵键盘接口为 P3 口
unsigned char Get_Keyvalue_RowColumn_Reverse（void）
{
  GPIO_KEY=0X0F;         //行线为高电平，列线为低电平
  switch(GPIO_KEY)       //判断矩阵键盘的行线和列线的变化情况，当某一个按键按下时，
                         //对应的列线电压被拉低
  {
    case(0X07)：KeyValue=1；break；//如果为 0x07，即 0000 0111，则表示第 1 列被拉低
    case(0X0b)：KeyValue=2；break；//第 2 列被拉低
    case(0X0d)：KeyValue=3；break；//第 3 列被拉低
    case(0X0e)：KeyValue=4；break；//第 4 列被拉低
  }
  GPIO_KEY=0XF0;                    //行线为低电平，列线为高电平
  switch(GPIO_KEY)
  {
    case(0X70)：KeyValue=KeyValue；break；      //第 1 行被拉低，加上相应的列线值
    case(0Xb0)：KeyValue=KeyValue+4；break；    //第 2 行被拉低，加上相应的列线值
    case(0Xd0)：KeyValue=KeyValue+8；break；    //第 3 行被拉低，加上相应的列线值
    case(0Xe0)：KeyValue=KeyValue+12；break；   //第 4 行被拉低，加上相应的列线值
  }
  return KeyValue；                  //返回按下的按键值
}
```

8.2　矩阵键盘键值显示任务

8.2.1　任务要求

矩阵键盘键值显示任务要求包括：

（1）按下矩阵键盘的任意一个键值，在 LCD1602 液晶上面显示对应的按键名称，如按下 S1，在 LCD1602 上面显示 S1；

（2）LCD1602 第一行从左到右显示"The pressed key is："。第 2 行显示 S1～S16。

8.2.2　系统设计

矩阵键盘实验的结构图如图 8-2 所示，包括 STC89C52 单片机、电源、晶振、LCD1602 和矩阵键盘。

图 8-2　矩阵键盘实验结构图

8.2.3　硬件设计

硬件电路包括矩阵键盘电路、单片机最小系统和 LCD1602 液晶显示电路，如图 8 - 3 所示。此处要注意，单片机的 P0 口内部结构是集电极开路，所以需要接上拉电阻才能接 LCD1602 液晶显示电路。

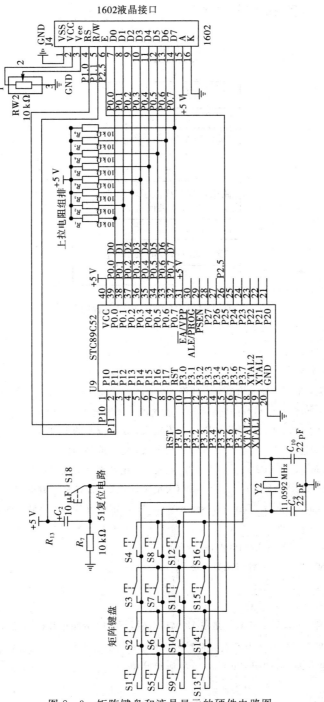

图 8 - 3　矩阵键盘和液晶显示的硬件电路图

8.2.4 软件设计

程序设计是系统设计的灵魂，只有硬件设计是不够的，还需要有程序的配合才能发挥硬件的作用。软件设计流程是程序设计编写的思想过程，第一步做什么，第二步做什么，……，依次完成系统所需要完成的功能。

键值显示程序流程图如图 8-4 所示。

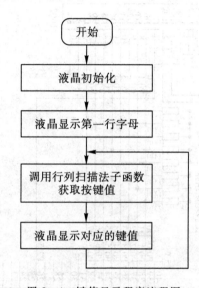

图 8-4 键值显示程序流程图

程序如下：

```
#include<reg52.h>
/* * * * * * * * * * * * * * * * * * * * * * * * * * * * * * *
PIN 口定义，采用宏定义方式，方便修改
 * * * * * * * * * * * * * * * * * * * * * * * * * * * * * */
#define LCD1602_DATAPINS P0    //宏定义，定义液晶的 I/O 口
sbit LCD1602_E=P2^7;           //宏定义，定义液晶的使能口
sbit LCD1602_RW=P2^5;          //宏定义，定义液晶的读写控制口
sbit LCD1602_RS=P2^6;          //宏定义，定义液晶的命令数据选择口
unsigned char Disp[]="The pressed key is："; //定义数组存放要显示的字符串
/* * * * * * * * * * * * * * * * * * * * * * * * * * * * * * *
 * 函 数 名      :Lcd1602_Delay1ms
 * 函数功能      :延时函数，延时 1ms
 * 输    入      :c
 * 输    出      :无
 * 说    名      :该函数是在 12 MHz 晶振下，12 分频单片机的延时
 * * * * * * * * * * * * * * * * * * * * * * * * * * * * * */
void Lcd1602_Delay1ms(uint c)        //误差 0 μs
{
    uchar a，b;
```

```
    for (; c>0; c——)
    {
        for (b=199; b>0; b——)
        {
          for(a=1; a>0; a——);
        }
    }
}
/* * * * * * * * * * * * * * * * * * * * * * * * * * * * * * * * * *
* 函 数 名        : LcdWriteCom
* 函数功能        : 向 LCD 写入一个字节的命令
* 输    入        : com
* 输    出        : 无
* * * * * * * * * * * * * * * * * * * * * * * * * * * * * * * * * */
void LcdWriteCom(uchar com)        //写入命令
{
    LCD1602_E = 0;             //使能
    LCD1602_RS = 0;            //选择发送命令
    LCD1602_RW = 0;            //选择写入
    LCD1602_DATAPINS = com;    //放入命令
    Lcd1602_Delay1ms(1);       //等待数据稳定
    LCD1602_E = 1;             //写入时序
    Lcd1602_Delay1ms(5);       //保持时间
    LCD1602_E = 0;
}
/* * * * * * * * * * * * * * * * * * * * * * * * * * * * * * * * * *
* 函 数 名        : LcdWriteData
* 函数功能        : 向 LCD 写入一个字节的数据
* 输    入        : dat
* 输    出        : 无
* * * * * * * * * * * * * * * * * * * * * * * * * * * * * * * * * */
void LcdWriteData(uchar dat)        //写入数据
{
    LCD1602_E = 0;             //使能清零
    LCD1602_RS = 1;            //选择输入数据
    LCD1602_RW = 0;            //选择写入
    LCD1602_DATAPINS = dat;    //写入数据
    Lcd1602_Delay1ms(1);
    LCD1602_E = 1;             //写入时序
    Lcd1602_Delay1ms(5);       //保持时间
    LCD1602_E = 0;
}
/* * * * * * * * * * * * * * * * * * * * * * * * * * * * * * * * * *
```

```
* 函 数 名        : LcdInit()
* 函数功能        : 初始化 LCD 屏
* 输    入        : 无
* 输    出        : 无
* * * * * * * * * * * * * * * * * * * * * * * * * * * * * * * * * * * * /
void LcdInit()                      //LCD 初始化子程序
{
    LcdWriteCom(0x38);              //开显示
    LcdWriteCom(0x0c);              //开显示不显示光标
    LcdWriteCom(0x06);              //写一个指针加 1
    LcdWriteCom(0x01);              //清屏
    LcdWriteCom(0x80);              //设置数据指针起点
}
void main()//主函数
{
    unsigned char i;                //定义 for 循环变量
    unsigned char key;              //定义一局部变量，保存得到的按键值，范围 1~16
    LcdInit ();                     //液晶初始化
    LcdWriteCom(0x80);              //字符串显示的位置
    for(i=0；i<16；i++)
    {
        LcdWriteData(Disp[i]);      //显示定义的字符串
    }
    while(1)
    {
        key =Get_Keyvalue_RowColumn_Scan(); //按键扫描及处理函数
        LcdWriteCom(0xC0);              //键值显示的位置
        LcdWriteData('S');              //显示字符 S
        LcdWriteCom(0xC1);              //键值显示的位置
        LcdWriteData (key+0x30);        //key+0x30 转换为 ASCII 码
    }
}
```

实验结果能够看到，当按下任意一个矩阵键盘的按键时，LCD1602 液晶上面能够及时显示出对应的按键。需要注意的是按键的处理要考虑抖动，不然会出现按下一个按键识别多次的情况。比如，按下数字 5，单片机可能识别多次 5，造成误判。本次模块采用 LCD1602 液晶显示屏，能够方便地显示数据，比数码管使用要简单方便得多。

8.3　本章小结

本章主要介绍单片机控制系统中矩阵键盘的相关原理及编程方法，并结合 LCD1602 液晶来深入理解矩阵键盘的编程。初学者在学习本章内容的时候首先要把握矩阵键盘的行列扫描原理和行列反转法扫描原理，并且需要考虑独立按键的编程注意事项，比如按键的消抖处理和抬手检测。

8.4　习题与思考

（1）为什么要采用矩阵键盘？矩阵键盘和独立按键相比有什么优势？

（2）如何根据矩阵键盘程序得到的键值判断是哪个按键按下？

（3）矩阵键盘要不要处理抖动？如何处理？

（4）简述矩阵键盘的行列扫描原理。

（5）简述矩阵键盘的行列反转原理。

第 9 章　单片机 I^2C 总线设计及应用

【小明】：老师、老师，上次那个篮球计分计时器设计又出问题了！计到一半没电了，所有的数据都没了……（泪目），能不能接个 U 盘来存数据？

【老师】：嗯？U 盘？似乎大材小用了。如果存储的数据量不大，如几百个字节，可以使用 E^2PROM 这一类型的元件来完成数据存储的工作。

【小明】：E^2PROM 掉电也能存储？太好了。那么如何使用这种元件呢？

【老师】：我们之前曾经讲过使用两根线的串口通信，操作 E^2PROM 等设备使用的也是两根线，但使用的却是 I^2C（Inter‐Integrated Circuit，简称 I^2C）总线操作。

引　言

I^2C 总线是 Philips 公司推出的一种双向二线制总线，仅使用两根信号线：SCL（Serial Clock，简称 SCL）和 SDA（Serial Data，简称 SDA）。总线中的每个器件都有唯一的地址，而且都可以作为发送器或接收器。I^2C 总线是目前常见的一种智能化仪器仪表组成方案，但在很多小型仪表中，使用带有 I^2C 总线接口的高档单片机是不合算的。本章将以 STC89C52 单片机为例探究如何实现 I^2C 总线的串行通信。

9.1　I^2C 总线基本概念

9.1.1　I^2C 总线系统结构

I^2C 总线组成：一个典型的 I^2C 总线组成结构如图 9-1 所示，假设系统中的器件均具有 I^2C 总线接口，通过两根线即 SDA（串行数据线）和 SCL（串线时钟线）连接到 I^2C 总线并通过总线相互识别和通信。

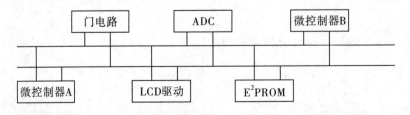

图 9-1　I^2C 总线组成结构

9.1.2　I^2C 总线一般特性

I^2C 总线采用二线传输，即 SDA 串行数据线和 SCL 串行时钟线传输。总线上所有的节点，如主器件(CPU)、外围器件都连到同名端的 SDA、SCL 上，一个 I²C 总线系统里的所有外围器件均采用器件地址和引脚地址的编址方式。系统中主 CPU 对任何节点的寻址没有采用传统的片选线方式，而是采用纯软件的寻址方式。为了能使总线上的所有节点器件输出实现"线与"逻辑功能，I²C 器件输出端必须是漏极或集电极开路结构，即 SDA 和 SCL 接口线上必须加上拉电阻。

9.2　I²C 总线传输协议与数据传送

9.2.1　起始和停止

I²C 总线每一次数据传送，都是由主器件发送起始信号开始，发送停止信号结束，总线时序如图 9-2 所示。当 SCL 时钟线为高电平，SDA 数据线出现高电平向低电平的下降沿信号时即为总线的起始信号，相反当 SDA 出现由低向高的上升沿信号时为总线的停止信号，在起始信号和停止信号之间的是寻址信息和数据信息。

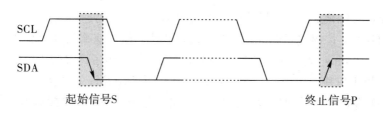

图 9-2　I²C 总线时序图

9.2.2　I²C 总线数据传输格式与响应

I²C 总线上的数据传输必须遵循总线规范。按照总线规定，主 CPU 发起始信号表明此次数据传送的开始，然后为寻址字节，寻址字节由高 7 位地址和 1 位方向位组成，方向位表明主 CPU 与从器件之间的数据传送方向，当该位为"0"时表明 CPU 对从器件进行写操作，为"1"时是读操作。寻址字节后是按指定地址读、写操作的数据字节与应答位。主 CPU 发出寻址信号后，地址与自己相符的从器件便会产生一个应答信号。数据字节的后面也跟随着一个应答信号，应答信号在第 9 个时钟位上出现。当从器件输出低电平时为应答信号(ACK)，输出高电平时为非应答信号(NACK)，如图 9-3 所示。数据传送完毕后主 CPU 必须发停止信号。图 9-4 为 I²C 总线的数据传送时序。

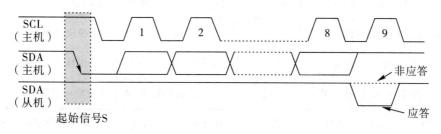

图 9-3　I²C 总线的应答信号时序

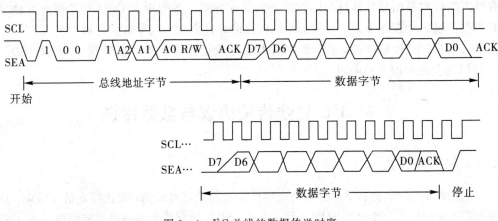

图 9-4　I²C 总线的数据传送时序

9.2.3　器件的寻址字节

在标准 I²C 总线模式下，数据传输速率可达 100 kb/s；高速模式下可达 400 kb/s。I²C 总线具有接口线少，控制方式简单，器件封装形式小，通信速率较高等优点。随着 I²C 总线技术的推出，Philips 及其他一些电子、电气厂家相继推出了许多带 I²C 接口的器件。这些器件可广泛用于单片机应用系统之中，如 RAM、E2PROM、I/O 接口、LED/LCD 驱动控制、A/D、D/A 以及日历时钟等。表 9-1 给出了常用的通用 I²C 接口器件的种类、型号及寻址字节等。

表 9-1　常用的通用 I²C 接口器件的种类、型号及寻址字节等

种　类	型　号	器件地址及寻址字节	备　　注
256×8/128×8 静态 RAM	PCF8570/71	1010 A2 A1 A0 R/W	三位数字引脚地址 A2 A1 A0
256×8 静态 RAM	PCF8570C	1011 A2 A1 A0 R/W	三位数字引脚地址 A2 A1 A0
256 B E² PROM	AT24C02	1010 A2 A1 A0 R/W	三位数字引脚地址 A2 A1 A0
512 B E² PROM	AT24C04	1010 A2 A1 P0 R/W	二位数字引脚地址 A2 A1
1024 B E² PROM	AT24C08	1010 A2 P1 P0 R/W	一位数字引脚地址 A2
2048 B E² PROM	AT24C16	1010 P2 P1 P0 R/W	无引脚地址，A2 A1 A0 悬空处理
四位 LED 驱动控制器	SAA1064	0111 0　 A1 A0 R/W	二位模拟引脚地址 A1 A0
点阵式 LCD 驱动控制器	PCF8578/79	0111 1　 0 A0 R/W	一位数字引脚地址 A1 A0
4 通道 8 位 A/D、1 路 D/A 转换器	PCF8591	1001 A2 A1 A0 R/W	三位数字引脚地址 A2 A1 A0
日历时钟（内含 256×8RAM）	PCF8583	1010 0　 0 A0 R/W	一位数字引脚地址 A0

9.3　AT24CXX 系列串行 E²PROM 存储芯片

9.3.1　芯片引脚介绍

AT24CXX 系列串行 E²PROM 存储芯片是典型的 I²C 总线接口器件。其特点是：功耗小、电源电压取值范围宽（根据不同型号，其电源电压的范围为 1.8～5.5 V），工作电流约为 3 mA，静态电流随电源电压不同，其范围为 30～110 μA。图 9-5 为 AT24CXX 器件的引脚排列图。

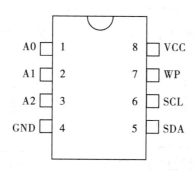

图 9-5　AT24CXX 器件的引脚排列图

AT24CXX 芯片共有 8 个引脚。其中：A2～A0 是地址引脚；SDA、SCL 是 I²C 总线接口；WP 为写保护引脚。WP 接 VSS 时，禁止写入高位地址；WP 接 VDD 时，允许写入任何地址。VCC 为电源端，GND 为接地端。

由于 I²C 总线可挂接多个串行接口器件，在 I²C 总线中每个器件应有唯一的器件地址，按照 I²C 总线的规则，器件地址为 7 位数据（即一个 I²C 总线系统中理论上可挂接 128 个不同地址的器件），它和 1 位数据方向位构成一个器件寻址字节，最低位 D0 为方向位（读/写），器件寻址字节中的最高 4 位（D7～D4）为器件型号地址。不同的 I²C 总线接口器件的型号地址是厂家给定的，如 AT24CXX 系列 E²PROM 的型号地址皆为 1010，器件地址中的低 3 位为引脚地址 A2、A1、A0，对应器件寻址字节中的 D3、D2、D1 位，在硬件设计时由连接的引脚电平给定。

对于 E²PROM 的容量小于 256B 的芯片（AT24C01/02），8 位片内寻址（A0～A7）即可满足要求。然而对于容量大于 256B 的芯片，8 位片内寻址范围不够，如 AT24C16，相应的寻址位数应为 11 位。若以 256B 为 1 页，则多于 8 位的寻址视为页面寻址。在 AT24CXX 系列中，对页面寻址位采取占用器件引脚地址（A2、A1、A0）的方法，如 AT24C16 将 A2、A1、A0 作为页地址。凡在系统中的引脚地址用作页地址后，该引脚就不得在电路中使用，应作悬空处理。

9.3.2　芯片的读写操作

1. 起始信号、停止信号和应答信号

起始信号：当 SCL 处于高电平时，SDA 从高到低的跳变作为 I²C 总线的起始信号，起

始信号应该在读/写操作命令之前发出。

停止信号：当 SCL 处于高电平时，SDA 从低到高的跳变作为 I²C 总线的停止信号。停止信号用来表示一种操作的结束。

SDA 和 SCL 线上通常接有上拉电阻。当 SCL 为高电平时，对应的 SDA 线上的数据有效；而只有当 SCL 为低电平时，才允许 SDA 线上的数据位改变。

数据和地址是以 8 位信号传送的。在接收一个字节后，接收器件必须产生一个应答信号 ACK，主器件必须产生一个与此应答信号相应的额外时钟脉冲，在此时钟脉冲的高电平期间，保持 SDA 线为稳定的低电平，为应答信号（ACK）。若从器件不产生应答信号，则主器件必须给从器件发一个数据结束信号。在这种情况下，从器件必须保持 SDA 线为高电平（用 NO ACK 表示），使得主器件能产生停止条件。

根据通信规定，I²C 总线产生起始信号、停止信号和应答信号的时序如图 9-6 所示。

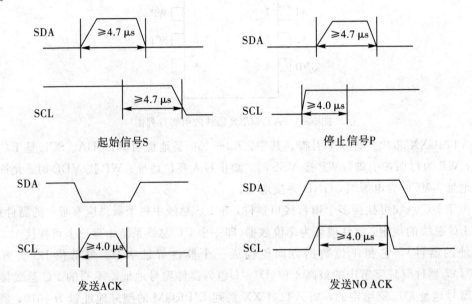

图 9-6　I²C 总线产生起始信号、停止信号和应答信号的时序

2. 写操作

AT24CXX 系列 E²PROM 的写操作有字节写和页面写两种。

（1）字节写是在指定地址写入一个字节数据。首先主器件发出起始信号后，发送写控制字节，即 1010A2A1A0（最低位置 0，即 R/W（读/写）控制位为低电平 0），然后等待应答信号，指示从器件被寻址，由主器件发送的下一字节为字地址，并将其被写入到 AT24CXX 的地址指针；主器件接收到来自 AT24CXX 的另一个应答信号，将发送数据字节，并写入到对应的存储器地址中；AT24CXX 再次发出应答信号，同时主器件产生停止信号（注意写完一个字节后必须有一个 5 ms 的延时）。

AT24CXX 字节写的时序如图 9-7 所示。

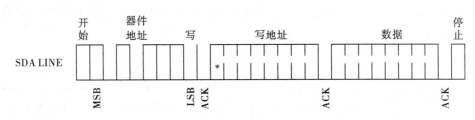

图 9 - 7　AT24CXX 字节写的时序图

（2）页面写和字节写的操作类似，只是主器件在完成第一个数据传送之后，不发送停止信号，而是继续发送待写入的数据。先将写控制字节的字地址发送到 AT24CXX，接着发送 X 个数据字节，主器件发送不多于一个页面的数据字节到 AT24CXX。这些数据字节暂存在片内页面缓存器中，在主器件发送停止信息以后写入存储器。接收一字节以后，低位顺序地址指针在内部加 1，高位顺序字地址保持常数。如果主器件在产生停止信号以前发送了多于一页的数据字节，地址计数器将会循环归 0，并且之前接收到的数据将被覆盖。与字节写操作一样，一旦停止信号被接收，则开始内部写周期（需要 5 ms 的延时）。AT24CXX 页面写的时序如图 9-8 所示。

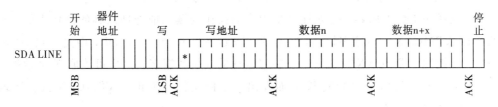

图 9 - 8　AT24CXX 页面写的时序图

3. 读操作

当从器件地址的 R/W 位被置为 1 时，启动读操作。AT24CXX 系列的读操作有三种类型：读当前地址内容、读指定地址内容、读顺序地址内容。

（1）读当前地址内容。AT24CXX 芯片内部有一个地址计数器，此计数器保持被存取的最后一个字的地址，并自动加 1。因此，如果以前读/写操作的地址为 n，则下一个读操作从 n+1 地址中读出数据。在接收到的从器件的地址中 R/W 位为 1 的情况下，AT24CXX 发送一个应答信号（ACK）并且送出 8 位数据字，之后，主器件将不产生应答信号（相当于产生 NO ACK），但会产生一个停止条件，AT24CXX 不再发送数据。AT24CXX 读当前地址内容的时序如图 9-9 所示。

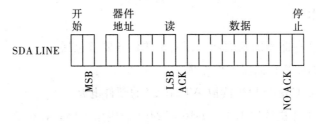

图 9 - 9　AT24CXX 读当前地址内容的时序图

（2）读指定地址内容是指定一个需要读取的存储单元地址，然后对其进行读取的操作。操作时序如图 9 - 10 所示。

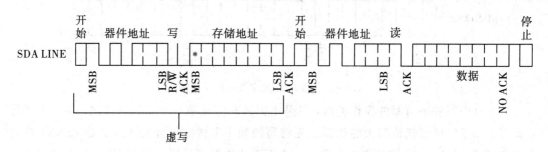

图 9 - 10   AT24CXX 读指定地址内容的时序图

读指定地址内容的操作步骤是，首先主器件发出一个起始信号 S，然后发出从器件地址 1010A2A1A00（最低位置 0），再发送需要读的存储器地址，在收到从器件的应答信号 ACK 后，产生一个开始信号 S，以结束上述写过程；再发送一个读控制字节，从器件 AT24CXX 再次发出 ACK 信号后，发出 8 位数据，如果接收数据以后，主器件发送 NO ACK 后，再发出一个停止信号 S，AT24CXX 不再发送后续字节。

（3）读顺序地址的内容。读顺序地址内容的操作与读当前地址内容的操作类似，所不同的是在 AT24CXX 发送字节以后，主器件不发送 NO ACK 和 STOP，而是发出 ACK 应答信号，以控制 AT24CXX 发送下一个顺序地址的 8 位数据字。这样可读取 X 个数据，直到主器件不发送应答信号（NOACK），而发出一个停止信号为止。AT24CXX 读顺序地址内容的时序如图 9 - 11 所示。

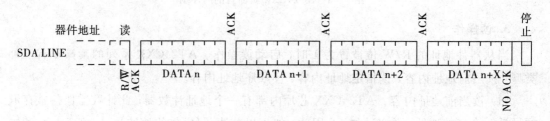

图 9 - 11   AT24CXX 读顺序地址内容的时序图

9. 4   基于 AT24C02 存储器的软硬件设计实例

9. 4. 1   任务要求

基于 AT24C02 存储器的软硬件设计实例的任务要求包括：

（1）掌握 AT24C02 存储器工作原理。

（2）设计 STC89C52 单片机读取 AT24C02 的硬件电路。

（3）设计调试单片机读取 E^2PROM（AT24C02）应用程序，对 0xA1 地址连续存放 8B，即 0x01 0x02 0x03 0x04 0x05 0x06 0x07 0x08，存放完成之后；再对这个地址进行连续读出

8B；读取完成之后，和刚才存放的字节进行——比较，看是否一致，如果一致，则对应灯亮，否则灯灭。

（4）下载程序到单片机中，运行程序观察结果并进行软硬件的联合调试。

9.4.2 系统设计

根据任务要求设计基于 STC89C52 单片机读取 AT24C02 存储器系统设计框图，如图 9-12 所示。整个系统组成包括 STC89C52 单片机、AT24C02、复位电路、晶振电路、LED 灯以及电源电路。

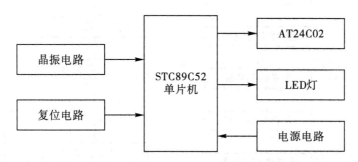

图 9-12　基于 STC89C52 单片机读取 AT24C02 存储器系统设计框图

9.4.3 硬件设计

根据图 9-12 设计出基于 STC89C52 单片机读取 AT24C02 存储器硬件电路图，其中 STC89C52 单片机及晶振电路、电源电路以及复位电路分别如图 3-8(a)、图 3-8(e)、图 3-8(d)及图 3-8(c)所示，AT24C02 存储器接口设计电路如图 9-13 所示。

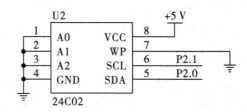

图 9-13　AT24C02 存储器接口设计电路图

9.4.4 软件设计

AT24C02 中带有片内地址寄存器。每写入或读出一个数据字节后，该地址寄存器自动加一，以实现对下一个存储单元的读写。所有字节均以单一操作方式读取，为降低总的写入时间，一次操作可写入多达 8B 的数据。AT24C02 串行 E²PROM 在基本知识部分已经介绍过。AT24C02 串行 E²PROM 的写操作有字节写和页面写；读操作有当前地址读、随机地址读和顺序读。下面将其具体 AT24C02 串行 E²PROM 的读/写系统开发流程用图 9-14～图 9-18 的流程框图表示出来，以方便进行读/写程序的开发。

在进行 AT24C02 串行 E²PROM 读/写系统开发时，可以按照下面的流程框图来实现程序的开发。

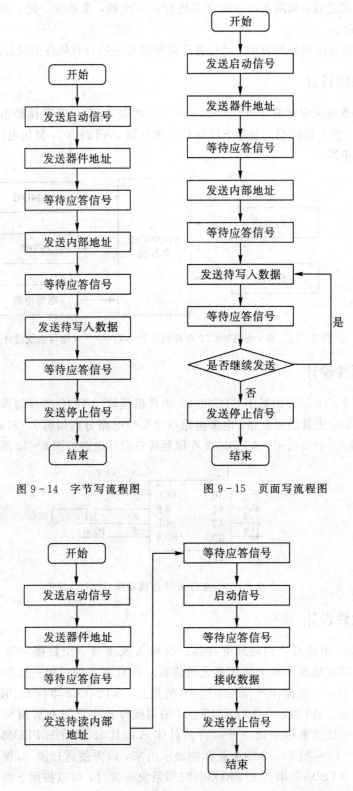

图 9-14　字节写流程图　　　图 9-15　页面写流程图

图 9-16　随机读流程图

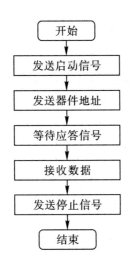

图 9-17 当前地址读流程图

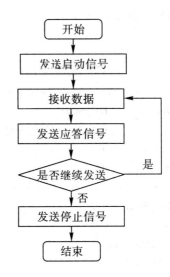

图 9-18 顺序读流程图

程序如下：

```
#include <reg52.h>
#define uchar unsigned uchar   // 宏定义 uchar 为无符号字符
#define uint unsigned uint
#define ADDRS_R 0xA1            //读操作地址
#define ADDRS_W 0xA0            //写操作地址
#define ADDRS 0x00             //从地址 0 开始进行写和读
uchar temp_in[8]={0x01,0x02,0x03,0x04,0x05,0x06,0x07,0x08};
uchar temp_out[8];
sbit I2C_SCL =  P2^0;
sbit I2C_SDL =  P2^1;
sbit I2C_ACK_Led = P2^7;    //若接收到正确的 ACK 信号(低电平),则灯不亮(低电平亮)
void  I2C_Delay(uchar n);
void  I2C_Start();
void  I2C_End();
void  I2C_ACK();
void  I2C_WriteByte(uchar var);
uchar I2C_ReadByte();
uchar I2C_Read(uchar addr);
void  I2C_Write(uchar addr, uchar var);
/*******************************************************
函数名:        I2C_Delay
作用:          延迟函数,毫秒
参数说明:      n 代表延时 2n 个微秒
返回值:        无

*******************************************************/
```

```
void I2C_Delay(uchar n)
{
        while(——n);              // 2 μs 一次
}
```

/ *

函数名：　　　　I2C_Start

作用：　　　　　模拟 I2C 起始信号时序

参数说明：　　　无

返回值：　　　　无

 * /

```
void I2C_Start()
{
  I2C_SDA = 1;
  I2C_Delay(5);
  I2C_SCL = 0;
  I2C_Delay(5);
  I2C_SDA = 0;
  I2C_Delay(5);
  I2C_SCL = 0;              //每次执行完读写操作后都，拉低 SCL，防止时序混乱
  I2C_Delay(5);
}
```

/ *

函数名：　　　　I2C_Start

作用：　　　　　模拟 I2C 停止信号时序

参数说明：　　　无

返回值：　　　　无

 * /

```
void I2C_End()
{
  I2C_SDA = 0;
  I2C_Delay(5);
  I2C_SCL = 1;
  I2C_Delay(5);
  I2C_SDA = 1;
  I2C_Delay(5);
}
```

/ *

函数名：　　　　I2C_ACK

作用：　　　　　模拟 I2C 应答信号时序

参数说明：　　　无

返回值：　　　　无

 * /

```
void I2C_ACK()
{
    I2C_SCL = 0;
    I2C_Delay(1);
    I2C_SCL = 1;
    I2C_Delay(1);
    while(I2C_SDA == 1){ I2C_ACK_Led = 0; }
    I2C_ACK_Led = 1;
    I2C_SCL = 0;
    I2C_Delay(1);
}
```

/ *

函数名：	I2C_WriteByte
作用：	模拟 I2C 写信号时序，每次写一个字节
参数说明：	var 代表写入的字节
返回值：	无

 */

```
void   I2C_WriteByte(uchar var)          //单字节写入函数
{
    uchar i;
    for(i=0; i<8; i++)
    {
        I2C_SCL = 0;
        I2C_Delay(5);
        if(var & 0x80) I2C_SDA= 1; else I2C_SDA = 0;
        I2C_Delay(5);
        I2C_SCL = 1;
        I2C_Delay(1);
        var <<=  1;
    }
    I2C_SCL = 0;
    I2C_Delay(5);
}
```

/ *

函数名：	I2C_ReadByte
作用：	模拟 I2C 读信号时序，每次读一个字节
参数说明：	无
返回值：	返回读出的字节

 */

```
uchar I2C_ReadByte()          //单字节读取函数
{
    uchar var, i;
    for(i=0; i<8; i++)
```

```
    {
        var <<= 1;
        I2C_SCL = 0;
        I2C_Delay(5);
        I2C_SCL = 1;
        I2C_Delay(5);
        if(I2C_SDA == 1)   var |= 0x01;
        I2C_Delay(5);
    }
    I2C_SCL = 0;
    I2C_Delay(5);
    return var;
}
/* * * * * * * * * * * * * * * * * * * * * * * * * * * * * * * * * * * * *
函数名:         I2C_Write
作用:           模拟 I2C 写信号时序,每次向指定地址的器件写一个字节
参数说明:       addr 代表器件地址,var 代表写入的字节
返回值:         无
 * * * * * * * * * * * * * * * * * * * * * * * * * * * * * * * * * * * * */
void I2C_Write(uchar addr, uchar var)   //E²PROM 单元写入函数
{
    I2C_Start();
    I2C_WriteByte(ADDRS_W);
    I2C_ACK();
    I2C_WriteByte(addr);
    I2C_ACK();
    I2C_WriteByte(var);
    I2C_ACK();
    I2C_End();
}
/* * * * * * * * * * * * * * * * * * * * * * * * * * * * * * * * * * * * *
函数名:         I2C_Read
作用:           模拟 I2C 读信号时序,每次向指定地址的器件读一个字节
参数说明:       addr 代表器件地址
返回值:         读出的字节
 * * * * * * * * * * * * * * * * * * * * * * * * * * * * * * * * * * * * */
uchar I2C_Read(uchar addr)   //E²PROM 单元读取函数
{
    uchar var;
    I2C_Start();
    I2C_WriteByte(ADDRS_W);
    I2C_ACK();
    I2C_WriteByte(addr);
```

```
    I2C_ACK();
    I2C_Start();
    I2C_WriteByte(ADDRS_R);
    I2C_ACK();
    var = I2C_ReadByte();
    I2C_End();
    return var;
}
void main()
{
    uchar k=0;
///////////////////////////////////写//////////////////////////////////////
    I2C_Start();
    I2C_WriteByte(ADDRS_W);
    while(I2C_ACK_Led);
    I2C_WriteByte(ADDRS);
    for (k=0; k<8; k++)                 //循环写 8B
    {
        I2C_WrByte(temp_in[k]);        //把发送缓存写到 I²C 总线
    }
    while(I2C_ACK_Led);
    I2C_End();
    I2C_Delay(1);
///////////////////////////////////读//////////////////////////////////////
    I2C_Start();
    I2C_WriteByte(ADDRS_W);
    while(I2C_ACK_Led);
    I2C_WriteByte(ADDRS);
    while(I2C_ACK_Led);
    I2C_Start();
    I2C_WriteByte(ADDRS_R);
    while(I2C_ACK_Led);
    for (k=0; k<8; k++)                 //循环写 8B
    {
        temp_out [k]=I2C_ReadByte();   //读指定地址的值
    }
    I2C_ACK();
    I2C_End();
}
///////////////////////////////////比较//////////////////////////////////////
for (k=0; k<8; k++)                 //循环写 8B
{
    if(temp_in [k]==temp_out [k])
```

```
        P1&=(～)(1<<k);          //点亮对应的灯
    else
        P1|=(1<<k);             //关掉对应的灯
}
```

注：在程序中调用读写函数即可，程序调试使用的是 11.0592 MHz 的晶振。

9.5　本 章 小 结

在本章中，主要讨论了以下几个知识点：

(1) 介绍了 I^2C 总线的系统结构和特性；

(2) 介绍了 I^2C 总线协议，给出基于 I^2C 总线的 AT24CXX 系列存储器芯片的工作原理；

(3) 结合 AT24C02 具体实例介绍了 I^2C 器件在单片机中的应用，并详细分析了任务的软硬件设计方案和设计流程。

9.6　习 题 与 思 考

(1) I^2C 总线的优点是什么？

(2) I^2C 总线的起始信号和终止信号是如何定义的？

(3) 单片机如何对 I^2C 总线中的器件进行寻址？

第 10 章　单片机的模/数转换技术及应用

【小明】：老师，我家最近买了一个新的体重秤（如图 10-1 所示），当有人站在上面时就会显示重量，比之前那个老式的指针式体重秤方便多了，上面的显示界面和我们之前做的计分器的显示类似，这里面也有单片机吗？它又是如何测量我们的体重呢？

图 10-1　体重秤

【老师】：观察得非常仔细。简单讲解一下电子秤的工作原理：当我们站在称上时，压力传感器会将我们的重量转换成电信号输出到模/数转换器中，模/数转换器又将模拟电信号转换成数字信号送入到单片机的处理器中进行处理，最后通过显示器显示出重量数据。

【小明】：大致了解了，但是模/数转换器具体是什么？它是怎样工作的？

【老师】：模/数转换在数据的采集过程中非常重要，这一章我们就来好好的了解一下。

引　　言

经过一段时间的学习，大家基本上对 51 单片机的内部资源和外部设备都有了一定的了解和掌握。如：定时器、中断、串口通信、I²C 通信、LED、数码管、按键、E²PROM 等。实际生活中，我们经常会利用单片机采集外部信号并进行处理后再来控制外部设备，达到自动控制的目的。这其中采集外部信号包括外部电信号和非电信号如：电压、电流、压力、温度、湿度、光照强度等。

10.1　模/数转换器的工作原理

模/数转换器（Analog-to-Digital Converter，简称 ADC），通常是指一个将模拟信号转变成数字信号的电子元器件。A/D 转换器将一个输入电压信号转换成一个输出的数字信号。由于数字信号本身不具有实际意义,仅仅表示一个相对大小,故任何一个 A/D 转换器都需要一个参考模拟量作为转换的标准,比较常见的参考标准是最大的可转换电压,对应是输出的最大数字量。

A/D 转换器最重要的参数是转换的精度,通常用输出的数字信号位数的多少来表示。转换器能够准确输出的数字信号的位数越多,表示转换器能够分辨输入信号的能力越强,转换器的性能也就越好。

A/D 转换一般要经过采样(如图 10-2 所示)、保持、量化及编码四个过程。在实际电路中,有些是合并进行的,如采样和保持,量化和编码在转换过程中是同时实现的。完整过程如下:模拟信号→采样→保持→量化→编码→数字信号。

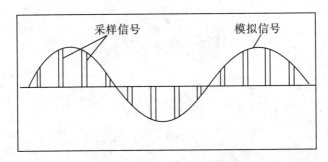

图 10-2　A/D 采样示意图

A/D 转换器通过一定的电路将模拟量转变为数字量。模拟量可以是电压、电流等电信号,也可以是压力、温度、湿度、位移、声音等非电信号。但在 A/D 转换前,输入到 A/D 转换器的输入信号必须经各种传感器把各种物理量转换成电压信号。A/D 转换后,输出的数字信号可以有 8 位、10 位、12 位和 16 位等。A/D 转换器的精度计算公式如下:

$$\text{精度} = \frac{V_{ref}}{2^n}$$

其中 V_{ref} 是参考电压值,2^n 中的 n 是 A/D 转换器的位数,如上述的 8,10,12,16 位等。

10.2　A/D 转换常用芯片 PCF8591 简介

10.2.1　PCF8591 结构

PCF8591 是一个单片集成、单独供电、低功耗、8 位 CMOS 数据获取器件。PCF8591 具有 4 个模拟输入、1 个模拟输出和 1 个串行 I²C 总线接口。PCF8591 的 3 个地址引脚 A0、A1 和 A2 可用于硬件地址编程,允许在同一个 I²C 总线上接入 8 个 PCF8591 器件,而无需额外的硬件。在 PCF8591 器件上输入输出的地址、控制和数据信号都是通过双线双向 I²C 总线以串行的方式进行传输的。PCF8591 的功能包括多路模拟输入、内置跟踪保持、8 位模/数转换和 8 位数/模转换。PCF8591 的最大转化速率由 I²C 总线的最大速率决定。PCF8591 内部框图如图 10-3 所示。

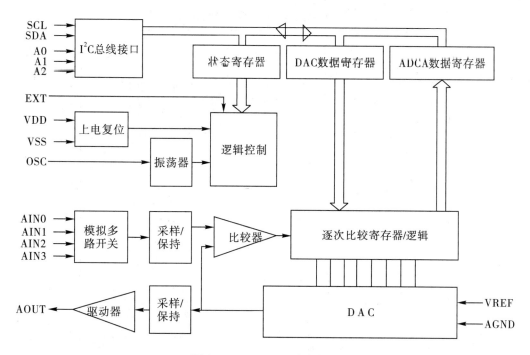

图 10-3　PCF8591 内部框图

PCF8591 左边和右边分别外扩 2 路排针接口，主要说明如下：左边 AIN0 芯片模拟输入接口 0，AIN1 芯片模拟输入接口 1，AIN2 芯片模拟输入接口 2，AIN3 芯片模拟输入接口 3。右边的 SCL 为时钟接口，连接到单片机的 I/O 口，SDA 为数据接口，也接到单片机的 I/O 口。VDD 接 5 V 电源，而模块本身的基准输入电压 V_{ref} 也要和 5 V 电源相连。PCF8591 的封装如图 10-4 所示。

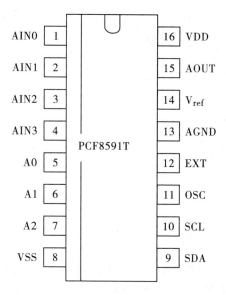

图 10-4　PCF8591 封装

PCF8591 引脚功能说明如表 10-1 所示。

表 10-1　PCF8591 引脚功能

引脚	序号	引脚功能
AIN0	1	模拟量输入通道 0
AIN1	2	模拟量输入通道 1
AIN2	3	模拟量输入通道 2
AIN3	4	模拟量输入通道 3
A0	5	器件地址引脚 0
A1	6	器件地址引脚 1
A2	7	器件地址引脚 2
VSS	8	负电源电压
SDA	9	I^2C 数据信号
SCL	10	I^2C 时钟信号
OSC	11	振荡器
EXT	12	振荡器外部输入信号
AGND	13	模拟接地端
V_{ref}	14	输入的参考电压
AOUT	15	模拟量输出
VDD	16	正的电源电压

10.2.2　PCF8591 转换工作原理

PCF8591 模/数转换器采用逐次逼近转换技术,在 A/D 转换周期临近时,一个 A/D 转换周期开始的标志是发送一个有效读模式地址给 PCF8591。A/D 转换周期在应答时钟脉冲的下降沿触发,并在传输前一次转换结果时执行转换。一旦一个转换周期被触发,所选通道的输入电压采样将被转换为对应的 8 位二进制码(在进行差分采样后转换为 8 位二进制补码)。所有的转换结果被保存在 ADC 数据寄存器中等待传输。如果自动增量标志位被置 1,则将选择下一个通道进行 A/D 转换。

10.2.3　PCF8591 应用

1. 器件总地址

PCF8591 采用典型的 I^2C 总线接口器件寻址方法,即总线地址由器件地址、引脚地址和方向位组成。PCF8591 器件地址为 1001,引脚地址为 A2A1A0,其值由用户选择,因此 I^2C 系统中最多可接 $2^3 = 8$ 个具有 I^2C 总线接口的 A/D 器件。地址的最后一位为方向位 $\overline{R}$,当主控器对 A/D 器件进行读操作时方向位为 1,进行写操作时方向位为 0。总线操作时,由器件地址、引脚地址和方向位组成的从地址为主控器发送的第一字节。

2. 控制字节

控制字节用于实现器件的各种功能,如模拟信号由哪几个通道输入。控制字节存放在控制寄存器中。总线操作时为主控器发送的第二字节。PCF8591 控制寄存器如表 10 - 2 所示。

表 10 - 2　PCF8591 控制寄存器

MSB							LSB
0	X	X	X	0	X	X	X
D7	D6	D5	D4	D3	D2	D1	D0

注：表 10 - 2 中 MSB 表示数据最高位，LSB 表示数据最低位，X 表示任意值。

D1、D0 两位是 A/D 通道编号：00 通道 0、01 通道 1、10 通道 2、11 通道 3；D2 是自动增益选择（有效位为 1）；D5、D4 是模拟量输入选择：00 为四路单输入、01 为三路差分输入、10 为单端与差分配合输入、11 为模拟输出允许有效。

当系统为 A/D 转换时，模拟输出允许为 0。模拟量输入选择位取值由输入方式决定：四路单端输入时取 00，三路差分输入时取 01，单端与差分输入时取 10，二路差分输入时取 11。最低两位 D1、D0 是通道编号位，当对 0 通道的模拟信号进行 A/D 转换时取 00，当对 1 通道的模拟信号进行 A/D 转换时取 01，当对 2 通道的模拟信号进行 A/D 转换时取 10，当对 3 通道的模拟信号进行 A/D 转换时取 11。

3. 操作时序

在进行数据操作时，首先是主控器发出起始信号，然后发出读寻址字节，被控器做出应答后，主控器从被控器读出第一个数据字节，主控器发出应答，主控器从被控器读出第二个数据字节，主控器发出应答，一直到主控器从被控器中读出第 n 个数据字节，主控器发出非应答信号，最后主控器发出停止信号。

4. 传输格式

I^2C 总线上的数据传输按位进行，高位在前，低位在后，每传输一个数据字节通过应答信号进行一次联络，传送的字节数不受限制。

起始信号由主控器件发出，在发出起始信号前，主控器件要通过检测 SCL 和 SDA 来了解总线情况。若总线处于空闲状态，即可发出起始信号，启动数据传输。在起始信号之后发出的必定是寻址字节，寻址字节由 7 位从地址和 1 个方向位组成。其中从地址用于寻址从器件，而方向位用于规定数据传输方向。寻址字节通常写为 SLA＋R/W，其中 R 代表读，W 代表写。R/W＝1 时，表示主控器件读（接收）数据；R/W＝0 时，表示主控器件写（发送）数据。所以通过寻址字节即可知道要寻哪个器件以及进行哪个方向的数据传输。

当主控器件发出寻址字节后，其他各器件都接收到了总线上的寻址字节，并与自己的从地址进行比较，当某器件比较相等确认自己被寻址后，该器件就返回应答信号，以作为被寻址的响应。此时，进行数据传输的主从双方以及传输方向就确定下来了，然后进行数据传输。数据传输同样以字节为单位，数据字节传输需要通过应答信号进行确认。所以每传输一个字节就有一个应答信号，直到数据传输完毕，主控器件发出停止信号。结束数据传输，释放总线。

5. 起始信号和停止信号

串行数据传输的开始和结束由总线的起始信号和停止信号控制，起始信号和停止信号只能由主控器件发出，它们对应的是 SCL 的高电平与 SDA 的跳变。当 SCL 线为高电平时，主控器件在 SDA 线上产生一个电平负跳变时，这便是起始信号，总线启动后，即可进行数据传输。当 SCL 线为高电平时，主控器件在 SDA 线上产生一个电平正跳变时，这便是总线的停止信号。

10.3　基于 PCF8591 电子秤的设计

10.3.1　任务要求

基于 PCF8591 电子秤的设计的任务要求包括：

（1）掌握 PCF8591 的工作原理；

（2）设计 STC89C52 单片机读取 PCF8591 的 A/D 转换的硬件电路；

（3）设计调试单片机读取 PCF8591 应用软件的方法；

（4）下载程序到单片机中，运行程序观察结果并进行软硬件的联合调试。

10.3.2　系统设计

系统采用 STC89C52 微处理器，通过压力传感器对被测物体进行数据采集，利用电桥将压力传感器微弱的电阻变化转化为易放大的电压信号，再进行 A/D 数字转换，将采集到的数据传输至单片机，单片机进行数据处理，并通过显示模块进行显示。系统原理框图如图 10-5 所示。

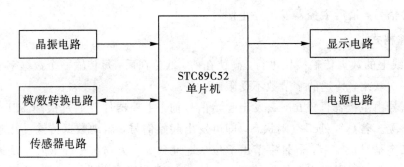

图 10-5　系统原理框图

10.3.3　硬件设计

PCF8591 的 I^2C 由串行数据线 SDA 和串行时钟线 SCL 构成。连接到 I^2C 总线上的每一个器件都有唯一的一个地址，而且都可以作为一个发生器或接收器，比如 PCF8591 数/模转换器作为接收器，而 MCU 则是能发送数据又能接收数据。SDA 和 SCL 都是双向的，分别串接一个电阻连接到电源＋5V 端，PCF8591 的 SCL 接单片机 P2.1 端口，SDA 接单片机 P2.0 端口。根据图 10-5 设计出基于 STC89C52 单片机读取 PCF8591 硬件接口电路图，如图 10-6 所示。其中 STC89C52 单片机、晶振电路、电源电路以及复位电路分别如图 3-8(a)、图 3-8(e)、图 3-8(d)及图 3-8(c)所示。

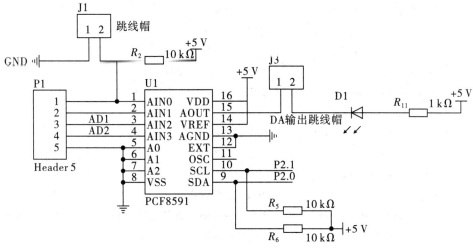

图 10 - 6　基于 STC89C52 单片机读取 PCF8591 硬件接口电路图

10.3.4　软件设计

当单片机开始读取 PCF8591 转换数据时，首先要向 PCF8591 写入地址信号，然后等待 PCF8591 响应，当得到 PCF8591 响应后开始向 PCF8591 控制寄存器写入控制指令，当再次得到 PCF8591 响应后，向 PCF8591 发送地址信号，并开始读取 PCF8591 转换数据直到停止信号出现。PCF8591 A/D 转换流程图如图 10 - 7 所示。

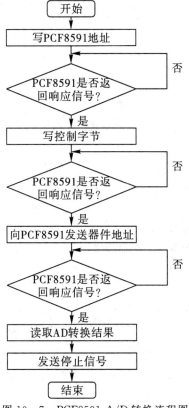

图 10 - 7　PCF8591 A/D 转换流程图

参考程序如下：

```
/ * * * * * * * * * * * * * 宏定义 * * * * * * * * * * * * * * * * * * * * * * /
# include <reg52. h>
# include<intrins. h>              //增加右移函数头文件
# define uchar unsigned   char     //宏定义 uchar 为无符号字符
# define uint   unsigned   int
# define   PCF8591     0x90        //PCF8591 地址
/ * * * * * * * * * * * * * 端口定义 * * * * * * * * * * * * * * * * * * * * * /
sbit I2C_SCL = P2^1;               /串行时钟输入端
sbit I2C_SDA = P2^0;               //串行数据输入端
sbit I2C_ACK_Led= P2^7;            //若接收到正确的 ACK 信号(低电平),则灯亮(低电平亮)
sbit baiwei = P0^7;                //P07 口位运算
/ * * * * * * * * * * * * * 函数声明 * * * * * * * * * * * * * * * * * * * * * /
void I2C_init();                   //I²C 总线初始化
void  I2C_Delay(uchar n);
void  I2C_Start();
void  I2C_End();
void  I2C_ACK();
void  I2C_WriteByte(uchar var);
uchar I2C_ReADByte();
void  I2C_Write(uchar add , uchar control);
void delay_ms(uchar ms);
void  xianshi(void);
uchar code duanma[11];
uchar  shuju[4];                   //数组定义
uint  sec;                         //全局变量定义
/ * * * * * * * * * * * * * * * * * * * * * * * * * * * * * * * * * * * * * * * /
/ * * * * * * * * * * * * * * * 函数定义 * * * * * * * * * * * * * * * * * * * /
/ * * * * * * * * * * * * * * * * * * * * * * * * * * * * * * * * * * * * * * * /
/ * * * * * * * * * * * * * * * * * * * * * * * * * * * * * * * * * * * * * * *
函数名:        delay_ms(uchar ms)
作用:          以毫秒为单位做相应延时
参数说明:      ms 为无符号字符型
返回值:        无
 * * * * * * * * * * * * * * * * * * * * * * * * * * * * * * * * * * * * * * * /
void delay_ms (uchar ms)           //延时毫秒@12MHz, ms 最大值是 255
{
  uchar i;
  while(ms——)
  for(i=0; i<124; i++);
```

```
}
/* * * * * * * * * * * * * * * * * * * * * * * * * * * * * * * * * * * *
函数名：          xianshi(void)
作用：            将数值按个位、十位、百位分类显示到相应位置。
参数说明：        无
返回值：          无
 * * * * * * * * * * * * * * * * * * * * * * * * * * * * * * * * * * * */
void xianshi(void)
{
  uchar i, j=0xfe；
  shuju[0]=10；                    //显示'U'表示重量值'KG'
  shuju[1]=sec%10；
  shuju[2]=(sec%100)/10；
  shuju[3]=(sec%1000)/100；
  for(i=0；i<4；i++)
  {
    P0=duanma[shuju[i]]；
    if(i==3)                      // p0~7=1；在百位后面加小数点
    {
      baiwei =1；
      P2=j；
    }
    delay_ms(2)；
    P0=0x00；
    P2=0xff；
    j=_crol_(j, 1)；
  }
}

/* * * * * * * * * * * * * * * * * * * * * * * * * * * * * * * * * * * *
函数名：          I2C_Delay(uchar n)
作用：            I2C 总线延时，以 2 μs 为单位进行延时
参数说明：        无符号字符型
返回值：          无
 * * * * * * * * * * * * * * * * * * * * * * * * * * * * * * * * * */
void I2C_Delay(uchar n)
{
  while(--n)；                     // 2 μs 一次
}
/* * * * * * * * * * * * * * * * * * * * * * * * * * * * * * * * * * * *
函数名：          I2C_init()
```

```
作用:          I2C 总线初始化
参数说明:      无
返回值:        无
* * * * * * * * * * * * * * * * * * * * * * * * * * * * * * * * */
void I2C_init() //初始化
{
  I2C_SDA=1;
  I2C_delay(1);
  I2C_SCL=1;
  I2C_delay(1);
}
/* * * * * * * * * * * * * * * * * * * * * * * * * * * * * * * * * * * * * * * *
函数名:        I2C_Start()
作用:          I2C 总线开始函数,启动 I2C 总线
参数说明:      无
返回值:        无
* * * * * * * * * * * * * * * * * * * * * * * * * * * * * * * */
void I2C_Start()
{
  I2C_SCL = 1;
  I2C_Delay(1);
  I2C_SDA= 1;
  I2C_Delay(1);
  I2C_SDA = 0;
  I2C_Delay(1);
  I2C_SCL = 0;               //每次执行完读写操作后都拉低 SCL,防止时序混乱
  I2C_Delay(1);
}
/* * * * * * * * * * * * * * * * * * * * * * * * * * * * * * * * * * * * * *
函数名:        I2C_End()
作用:          I2C 总线结束函数,结束 I2C 传输
参数说明:      无
返回值:        无
* * * * * * * * * * * * * * * * * * * * * * * * * * * * * * * * * * * * * * * */
void I2C_End()
{
  I2C_SCL = 0;
  I2C_Delay(1);
  I2C_SDA = 0;
  I2C_Delay(1);
```

```
    I2C_SCL = 1;
    I2C_Delay(1);
    I2C_SDA = 1;
    I2C_Delay(1);
}
```

/ *

函数名：	I2C_ACK()
作用：	I2C 总线应答函数，在 I2C 传输过程中，主从机相互之间应答通信
参数说明：	无
返回值：	无

* /

```
void I2C_ACK()
{
    I2C_SCL = 0;
    I2C_Delay(1);
    I2C_SCL = 1;
    I2C_Delay(1);
    while(I2C_SDA == 1){ I2C_ACK_Led = 0; }
    I2C_ACK_Led = 1;
    I2C_SCL = 0;
    I2C_Delay(1);
}
```

/ *

函数名：	I2C_WriteByte(uchar var)
作用：	I2C 总线写入函数，在 I2C 传输过程中，主机向从机写入地址及控制方式
参数说明：	无符号字符型
返回值：	无

* /

```
void I2C_WriteByte(uchar var)      //单字节写入函数
{
    uchar i;
    for(i=0; i<8; i++)
    {
        I2C_SCL = 0;
        I2C_Delay(1);
        if(var & 0x80) I2C_SDA = 1; else I2C_SDA= 0;
        I2C_Delay(1);
        I2C_SCL = 1;
        I2C_Delay(1);
        var <<=1;
```

```
    }
    I2C_SCL = 0;
    I2C_Delay(1);
}
```

/ *

函数名：   I2C_ReADByte()

作用：   I2C 总线数据读取函数，在 I2C 传输过程中，主机向从机读取数据

参数说明：   无

返回值：   无符号字符型 var

* /

```
uchar I2C_ReADByte()            //单字节读取函数
{
    uchar var, i;
    for(i=0; i<8; i++)
    {
        var <<= 1;
        I2C_SCL = 0;
        I2C_Delay(1);
        I2C_SCL = 1;
        I2C_Delay(1);
        if(I2C_SDA == 1)   var |= 0x01;
        I2C_Delay(1);
    }
    I2C_SCL = 0;
    I2C_Delay(1);
    return var;
}
```

/ *

函数名：   I2C_Write(uchar control , uchar var)

作用：   I2C 总线控制指令函数，在 I2C 启动后，首先向 PCF8591 写入地址，然后再
                向 PCF8591 写入控制命令，决定 PCF8591 的功能

参数说明：   uchar add 地址，uchar control 读写控制码

返回值：   无

* /

```
void I2C_Write(uchar add , uchar control)       //E² PROM 单元写入函数
{
    I2C_Start();
    I2C_WriteByte(add);
    I2C_ACK();
    I2C_WriteByte(control);
```

```
        I2C_ACK();
        I2C_End();
}
```

/ *

函数名：	code duanma[]
作用：	在数码管显示中，显示数字
参数说明：	无
返回值：	无

* /

```
uchar code duanma[]＝
{
  0x3F, / * 0 * /
  0X06, / * 1 * /
  0X5B, / * 2 * /
  0X4F, / * 3 * /
  0X66, / * 4 * /
  0X6D, / * 5 * /
  0X7D, / * 6 * /
  0X07, / * 7 * /
  0X7F, / * 8 * /
  0X6F, / * 9 * /
  0X3E, / * U * /
};
```

/ *

函数名：	main（void）
作用：	读取 PCF8591 模/数转换数值并送数码管显示
参数说明：	无
返回值：	无

* /

/ * * * * * * * * * * * * * * * * 主函数 * /

```
void main（void）
{
  init();                    // I2C 总线初始化
  I2C_Write（0x90，0x42）；    // 0x90 表示器件地址为 000 的写操作，0x42 表示四路单输
                             // 入 2 通道无增益的器件控制指令

  while(1)
  {
    sec＝2 * I2C_ReADByte()；  // 5/256 约等于 0.02 所以 0.02×100＝2 扩大 100 倍，在显
                              // 示的时候在百位后加小数点
```

```
    xianshi();
    I2C_Delay(2);
    }
}
```

注：在程序中调用读写函数即可，程序调试使用的是 11.0592 MHz 的晶振。

10.4　本 章 小 结

本章主要介绍模/数转换的工作原理，并以 PCF8591 为例，详细介绍了 PCF8591 的内部结构以及单片机如何通过 I²C 总线来设置 PCF8591 的控制寄存器，最后给出 PCF8591 的应用例程。

10.5　习 题 与 思 考

（1）数/模转换的工作原理是什么？

（2）PCF8591 的通信方式是什么？

（3）如何设置 PCF8591 的通信地址？

（4）如何设置 PCF8591 四个通道连续 A/D 采样？

（5）PCF8591 的采样精度是多少？采样速率如何确定？

第 11 章　单片机综合项目设计

【老师】：小明同学，到目前为止，我们已经学习了不少的单片机知识，想不想来测试一下自己现在的等级？

【小明】：考试？……不要吧。

【老师】：（怒气值 30%）……开卷。

【小明】：不要吧……

【老师】：（怒气值 60%）开卷，限定时间内完成规定的功能。

【小明】：不要吧……

【老师】：（怒气值 99%）开卷，限定时间内完成规定的功能，书上有部分核心代码。

【小明】：那……我来试试……

（经过 4 个小时）

【小明】：老师我做出来了！这门课是不是合格了？

【老师】：（微笑）（点头）那么下面我们来进一步扩展一下刚才的功能……

引　　言

本书从最基本的概念、开发工具入手，详细介绍了 51 单片机的相关知识；之后又深入浅出地介绍了单片机内部资源（如定时器、中断等）和经典外围外设（如 LED、数码管、按键、液晶、E^2PROM、A/D 等），接下来以两个工程项目为例，教大家如何独立完成工程设计。

11.1　基于单片机的红外遥控接收器设计

11.1.1　任务要求

基于单片机的红外遥控接收器设计的任务要求包括：

（1）实现红外遥控器的按键值编码信息的输入；

（2）实现红外遥控器的按键值编码的接收；

（3）对红外接收头接收到的红外信息进行显示。

11.1.2　系统设计

本设计的系统结构组成：控制模块、数码管显示模块，发送模块，接收模块以及电源模块等。控制模块是整个系统的关键，控制着系统的运行；数码管显示模块对红外接收头接收到的红外信息进行显示；发送模块实现红外遥控器的按键值编码信息的输入；接收模块实现红外遥控器的按键值编码的接收，然后再将接收到的按键值编码输入给单片机；电源模块可以提供可靠的 5 V 直流电源给整个系统使用。系统设计总框图如图 11-1 所示。

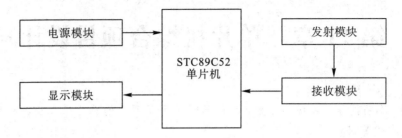

图 11-1　系统设计总框图

11.1.3　硬件设计

1. 红外遥控器概述

红外遥控发射装置是由键盘电路、编码电路、电源电路以及发射电路等组成的有机整体。红外发光二极管是红外发射电路的核心元件。由于红外发射电路的内部材料和普通发光二极管不同，因此在使用的时候要给定电压。

本设计采用全新超薄型 38K 通用红外遥控器，采用 PWM(脉冲宽度调制码)。用 NEC 编码格式，21 键遥控器，适用于 USB 口小音响、车载 MP3、足浴器、灯具、数码相框、单片机、开发板、学习板等。红外遥控器如图 11-2 所示。

红外遥控器的参数如下。

尺寸：86 * 40 * 6.0 mm；

遥控范围：大约 10 m；

电池：3 V 扣式锂锰电池；

红外载波频率：38 kHz；

贴面材料：0.125 mmPET；

有效寿命：2 万次以上。

图 11-2　红外遥控器

2. 红外遥控器的编码方式

红外遥控器发射的一帧码，其中包含了 1 个引导码、8 位用户编码、8 位用户反码，8 位键数据码和 8 位键数据码的反码。图 11-3 给出了这一帧码的结构。

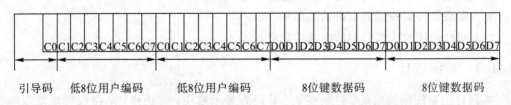

图 11-3　红外遥控器发射的一帧码

由 9 ms 的高电平和 4.5 ms 的低电平组合在一起的就是引导码，编码采用脉冲调制方式(PPM)。用脉冲之间的时间间隔来分辨"0"和"1"。当传送时传送的是键数码以及它的反码,这样大大提高了系统编码的正确性,使红外遥控器更加稳定。

以脉宽为 0.565 ms、间隔为 0.56 ms、周期为 1.125 ms 的脉冲表示二进制的"0";以脉宽为 0.565 ms、间隔为 1.685 ms、周期为 2.25ms 的脉冲表示二进制的"1",其波形如图 11-4 所示。

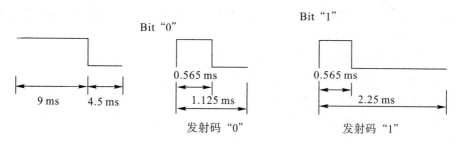

图 11-4　红外遥控器的发射信号波形

3. 红外遥控器的输出波形

当按下遥控器按键后,以时间间隔为 108 ms 发射出一组 32 位的二进制码。这组码中包含二进制"0"和"1",同时二进制"0"和"1"的个数决定着这组码的时间,图 11-5 是红外遥控器的输出波形图。

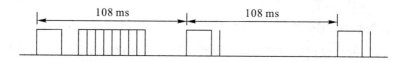

图 11-5　红外遥控器的输出波形图

当按下按键的时间大于 36 ms 时,振荡器就会激活芯片,会发射出一组编码脉冲,时间为 108 ms,如图 11-6 红外遥控器输出波形图所示。

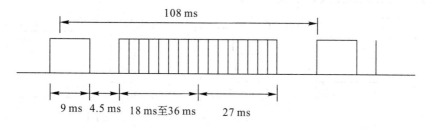

图 11-6　红外遥控器输出波形图

当红外发射器按键按下的时间超过 108 ms,就会发射只包含起始码 9 ms 与结束码(2.5 ms)组成的连发码,如图 11-7 红外遥控器输出连发码波形图所示。

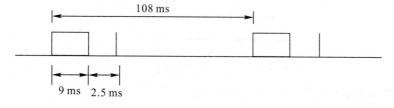

图 11-7　红外遥控器输出连发码波形图

4. 红外接收头概述

本设计采用的是集成化的 1838B 红外接收头,所有的接收电路都集成在红外接收头内部,与非集成化的接收电路相比,具有无与伦比的优越性。内部电路包括红外检测二极管、放大器、限幅器、带通滤波器、积分电路、比较器等,红外检测二极管检测到红外线信号,然后把信号送到放大器和限幅器,限幅器把脉冲幅度控制在一定的水平,而不论红外发射器和红外接收器的距离远近。

红外接收头通常情况下包括供电脚(VDD)、接地(GND)和数据输出脚(VOUT)三个引脚,不同厂家的引脚定义也不同。红外接收头的选取一般来说是由发射端调制载波来决定的。

红外接收放大器的增益是非常大的,很容易造成干扰,因此必须在接收头的电源引脚上加滤波电容,通常情况下滤波电容的大小在 22 μF 以上。红外接收电路如图 11-8 所示。

其中红外接收头的输出口与单片机的 P3.2 口相连,也就是说红外接收头把接收到的数据信息输入给单片机的 P3.2 口。

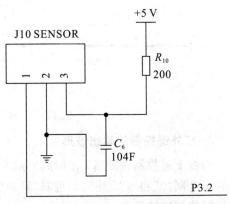

图 11-8 红外接收电路

5. 红外遥控接收的解码方式

红外遥控系统的接收代码与发射代码是反向的。如何识别代码是"0"还是"1"是解码的核心所在,本书介绍的红外遥控接收解码的方式是检测两个相邻的下降沿的时间,如果两个下降沿的时间为 1.125 ms,那么就判断数据为"0",如果两个下降沿的时间为 2.25 ms,那么就判断数据为"1"。只有当 9 ms 的起始码和 4.5 ms 的结果码完成后,才正式接收数据信号。红外遥控系统接收信号波形如图 11-9 所示。

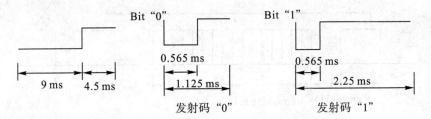

图 11-9 红外遥控系统接收信号波形

连发码只包含 9 ms 的起始码和 2.5 ms 的结束码。如图 11-10 所示。

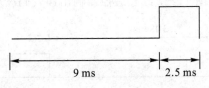

图 11-10 连发码

红外遥控显示硬件电路如图 11-11 所示。

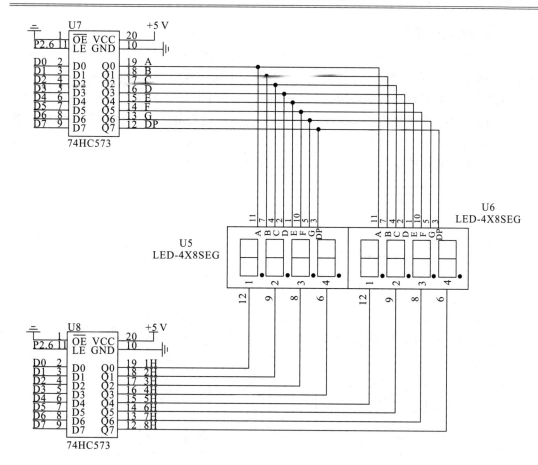

图 11 - 11　红外遥控显示硬件电路图

11.1.4　软件设计

本设计基于红外遥控解码的设计技术，设计目的是研究红外遥控器发射信号。不同的键码值对应不同的红外信号，通过本设计的数码管显示出来不同的键码值。从而达到解码的目的，这样可以更容易、更清晰、更直观地显示出红外遥控器所发射的红外信息。

1. 系统主流程图

首先初始化主程序，然后检测是否接收到红外遥控信号。如果没有检测到红外遥控信号，则返回重新检测；如果检测到红外遥控信号，那么就调用红外解码程序进行解码处理。并且判断红外解码是否完成，如果没有完成，则返回红外解码处理，然后通过数码管显示当前按键的键码值。程序的流程图如图 11 - 12 所示。

初始化是系统对各种模式进行初始状态设置，例如时钟初始化、I/O 口初始化、定时器初始化、红外硬件初始化等。

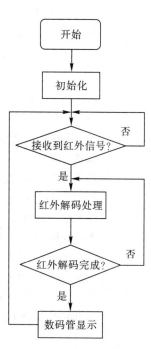

图 11 - 12　程序的流程图

2. 红外解码处理模块

红外解码过程是整个红外遥控器解码的核心,红外硬件初始化包括定时器 2 的初始化及中断的初始化。在检测到下降沿时,系统将进入中断子程序,并且定时器 2 开始计时。当相邻的两个下降沿的时间间隔为 1.125 ms 时,就当做是"0",存入寄存器,并且累加器加一。当相邻的两个下降沿的时间间隔为 2.25 ms 时,就当做是"1",存入寄存器,并且累加器加一。在此过程中计数器一直在判别当前值是否被加到 32,如果没有,那么就把计数器清零,一直等到计数器被加到 32 为止。红外解码处理的流程图如图 11 - 13 所示。

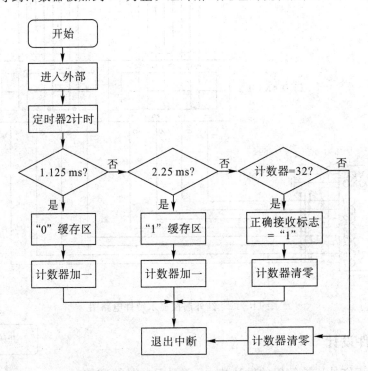

图 11 - 13 红外解码处理的流程图

程序如下:

```
//=======================================
//工程名称:  红外遥控显示测试程序
//文件名称:  main.c
//功能描述:  红外接收数据信息,在数码管上显示
//组成文件:  main.c
//头文件:    reg52.h
//程序分析:红外遥控器的按键发送红外信息,通过红外接收头接收到红外信
//息,并在数码管上显示数据
//=======================================


#include<reg52.h>              //包含头文件,一般情况不需要改动,头文件包含特殊
                               //功能寄存器的定义
sbit IR=P3^2;                  //红外接口标志
```

```
# define DataPort P0                      //定义数据端口，若程序中遇到 DataPort，则用 P0 替换
sbit LATCH1=P2^6;                         //定义锁存使能端口 段锁存
sbit LATCH2=P2^7;                         //位锁存
unsigned char code dofly_DuanMa[10]={0x3f, 0x06, 0x5b, 0x4f, 0x66, 0x6d, 0x7d, 0x07,
                                 0x7f, 0x6f}; //显示段码值 0～9
unsigned char   irtime;                   //红外用全局变量
bit   irpro_ok, irok;
unsigned char IRcord[4];
unsigned char irdata[33];
void Ir_work(void);
void Ircordpro(void);
void tim0_isr (void) interrupt 1 using 1
{
  irtime++;                               //用于计数 2 个下降沿之间的时间
}
void EX0_ISR (void) interrupt 0           //外部中断 0 服务函数
{
  static unsigned char   i;               //接收红外信号处理
  static bit startflag;                   //是否开始处理标志位
  if(startflag)
  {
    if(irtime<63&&irtime>=33)             //引导码 TC9012 的头码，9ms+4.5ms
        i=0;
    irdata[i]=irtime;                     //存储每个电平的持续时间，用于以后判断是 0 还是 1
    irtime=0;
    i++;
    if(i==33)
    {
        irok=1;
        i=0;
    }
  }
  else
  {
      irtime=0;
      startflag=1;
  }
}


void TIM0init(void)                       //定时器 0 初始化
{
    TMOD=0x02;                            //定时器 0 工作方式 2，TH0 是重载值，TL0 是初值
```

```
    TH0=0x00;                    //重载值
    TL0=0x00;                    //初始化值
    ET0=1;                       //开中断
    TR0=1;
}
void EX0init(void)
{
  IT0 = 1;                       //指定外部中断0下降沿触发，INT0 (P3.2)
  EX0 = 1;                       //使能外部中断
  EA = 1;                        //开总中断
}
void Ir_work(void)               //红外键值散转程序
{
    switch(IRcord[2])            //判断第三个数码值
    {
      case 0x0c: DataPort=dofly_DuanMa[1]; break; //1 显示相应的按键值
      case 0x18: DataPort=dofly_DuanMa[2]; break; //2
      case 0x5e: DataPort=dofly_DuanMa[3]; break; //3
      case 0x08: DataPort=dofly_DuanMa[4]; break; //4
      case 0x1c: DataPort=dofly_DuanMa[5]; break; //5
      case 0x5a: DataPort=dofly_DuanMa[6]; break; //6
      case 0x42: DataPort=dofly_DuanMa[7]; break; //7
      case 0x52: DataPort=dofly_DuanMa[8]; break; //8
      case 0x4a: DataPort=dofly_DuanMa[9]; break; //9
      default: break;
    }
    irpro_ok=0;                  //处理完成标志
}
void Ircordpro(void)             //红外码值处理函数
{
    unsigned char i, j, k, cord, value;
    k=1;
    for(i=0; i<4; i++)           //处理4B
    {
        for(j=1; j<=8; j++)      //处理1B 8位
        {
            cord=irdata[k];
            if(cord>7)           //大于某值为1，这个和晶振有绝对关系，这里使用12M
                                 //计算，此值可以有一定误差
            value=value|0x80;
            if(j<8)
            {
                value>>=1;
```

```
        }
            k++;
        }
        IRcord[i]=value;
        value=0;
    }
    irpro_ok=1;                  //处理完毕标志位置 1
}
void main(void)
{
    EX0init();                   //初始化外部中断
    TIM0init();                  //初始化定时器
    LATCH1=0;                    //位锁存
    DataPort=0xfe;               //取位码，第一位数码管选通，即二进制 1111 1110
    LATCH2=1;                    //位锁存
    LATCH2=0;
    DataPort=0x3f;               //取位码，第一位数码管选通，即二进制 1111 1110
    LATCH1=1;                    //位锁存
    while(1)//主循环
    {
        if(irok)                 //如果接收好了进行红外处理
        {
            Ircordpro();
            irok=0;
        }
        if(irpro_ok)             //如果处理好后进行工作处理，如按对应的按键后显示
                                 //对应的数字等
        {
            Ir_work();
        }
    }
}
```

11.2　基于单片机的 GPS 导航信号接收器设计

11.2.1　任务要求

基于单片机的 GPS 导航信号接收器的设计任务要求包括：

(1) 通过单片机串口接收 GPS 信号数据；

(2) 对接收的数据进行解析换算成相应格式；

(3) 在 LCD12864 液晶屏上显示其信号数据。

11.2.2　系统设计

本次设计：基于单片机的 GPS 接收与显示系统，由 GPS 接收模块、控制芯片 STC89C52 单片机、液晶显示屏、GPS 信号及电源构成。本系统设计如图 11-14 所示。

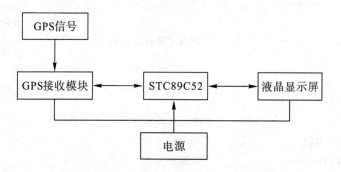

图 11-14　GPS 定位信息显示系统原理框图

11.2.3　硬件设计

1. GPS 设计

GPS 采用瑞士 u-blox 公司的 NEO-6M 主芯片，此芯片为多功能独立的 GPS 芯片。它基于 ROM 结构，成本低、体积小，并具有许多其他优点。芯片采用 u-blox 最新的启动弱信号的捕获技术，能确保采用此芯片的设备在任何可接收到信号的位置及任何天线尺寸都能够有最佳的初始定位性能并进行快速定位。GPS 如图 11-15 所示。

图 11-15　GPS 芯片部分

下面介绍 GPS 的主要特性、性能参数、电气性能、接口协议以及硬件连接。

主要特性：

(1) 50 个通道卫星接收功能；

(2) 多于 100 万个的相联系引擎；

(3) 可同步跟踪 GPS 及伽利略导航卫星数据；

(4) 提供多种接口，包括 UART、USB、I²C 及 SPI。

性能参数：

(1) 接收器类型有 50 个接收通道、GPS L1 频率、C/A 码；

(2) SBAS(星基增强系统)包括：WAAS(广域扩充系统)，EGNOS(欧洲地球静止导航重叠服务)，MSAS(多功能卫星增强系统)，GAGAN(GPS 辅助型近地轨道增强系统)；

(3) 启动时间分别是冷启动 29 s，热启动 <1 s，辅助启动 <1 s；

(4) 首次定位时间要小于 1 s；

(5) 最大更新速率要小于 4 Hz；

(6) 灵敏度分别是冷启动 −144 dBm，跟踪灵敏度 −160 dBm，捕获灵敏度 −160 dBm；

(7) 定位精度是 Auto 小于 2.5 m，SBAS 小于 2 m；

(8) 定时精度是 RMS 30 ns，99％小于 60 ns；

(9) 极限速度是 500 m/s；

(10) 运行温度范围是 −40～85 ℃；

(11) 封装尺寸是 16 × 12.2 × 2.4 mm。

电气性能：

(1) 工作电压范围是 2.7～3.6 V；

(2) 功耗分别是全速模式 135 mW @ 3.0 V，ECO 模式 129 mW @ 3.0 V；

(3) 备用电池的电压范围是 1.4～3.6 V，电流是 25 μA。

接口协议：

(1) 串行接口：1 UART 1 USB V2.0 全速 12 Mb/s；1 I^2C；1 SPI(串行外设接口)；

(2) 其他接口：1 时间脉冲输出，1 外部中断输入；

(3) 协议：NMEA，UBX 二进制。

硬件连接(GPS 部分硬件连接如图 11 - 16 所示)：

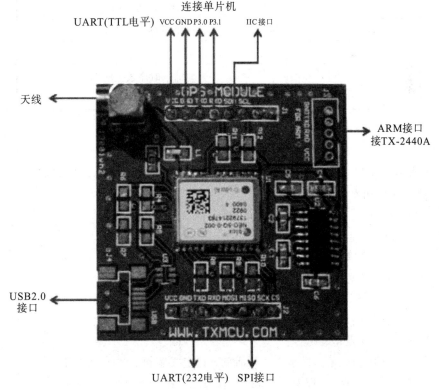

图 11 - 16 GPS 部分硬件连接示意图

(1) UART(TTL 电平)有① VCC – VCC；② GND – GND；③ TXD – P3.0；④ RXD – P3.1。

(2) I²C 有① SDA；② SCL。

(3) UAKT(232 电平)有① VCC；② GND；③ TXD；④ RXD。

(4) SPI 有① MOSI(主机输出/从机输入)；② MISO(主机输入/从机输出)；③ SCK (时钟信号)；④ CS(从设备使能信号)。

天线部分利用微带天线使其具有体积小、性能高、灵敏度强的优点。它的工作电压为 2.7~3.3 V，工作电流仅为 75 mA，它由 GSP2e 数字 IC、GRF2i 射频 IC 和 GSW2 部分化 部件构成。

该芯片具有 6 个引脚，但是我们只采用其中的 3 个引脚，即 1 个接地引脚，1 个电源引 脚，还有 1 个数据接收引脚。我们不需要对 GPS 进行数据发送，所以这 3 个引脚就足够满 足我们的要求了。本设计主要是把 GPS 接收到的数据进行处理后显示出来。

M – 8729 除增加了中央处理器和卫星信号追踪引擎，M – 8729 在芯片组中集成了兆位 存储器(DRAM)，这个是其他同类产品的八倍。这不仅使它的 GPS 功能的实现，还可以为 用户提供额外的存储的应用。该芯片的主要特点如表 11 – 1 所示。

表 11 – 1 GPS 管脚说明

管 脚	管 脚 名 称	功 能 描 述
1	VCC – 5V	电量输入
2	TXA	串行数据输出端口
3	RXA	串行数据输入端
4	RXB	串行数据输入端
5	GND	接地
6	时序/复位	时序：时序数据输出 复位：复位输入

2. LCD12864 显示屏设计

JM12864M – 2 汉字图形点阵液晶显示部分，可显示汉字及图形，内置 8192 个中文汉 字(16×16 点阵)、128 个字符(8×16 点阵)及 64×256 点阵显示 RAM(GDRAM)。

主要技能参数和显示特性如下。

(1) 电源：VDD 3.3~5 V(内置升压电路，不需要负压)；

(2) 显示内容：128 列× 64 行；

(3) 显示颜色：黄绿；

(4) 显示角度：6 点钟直视；

(5) LCD 类型：STN；

(6) 与单片机的接口：8 位或 4 位并行/串行 3 位；

(7) 配置 LED 背光；

(8) 多种软件功能：光标显示、画面活动、自定义字符、休眠形式等。

部分引脚说明(12864 引脚说明如表 11 – 2 所示)：

表 11-2　12864 引脚说明

引 脚	引脚名称	方 向	功 能 说 明
1	VSS	—	部分的电源地
2	VDD	—	部分的电源正端
3	V0	—	LCD 驱动电压输入端
4	RS(CS)	H/L	并行的指令/数据选择数据；串行的片选数据
5	R/W(SID)	H/L	并行的读写选择数据；串行的数据口
6	E(CLK)	H/L	并行的使能数据；串行的同步时序
7	DB0	H/L	数据 0
8	DB1	H/L	数据 1
9	DB2	H/L	数据 2
10	DB3	H/L	数据 3
11	DB4	H/L	数据 4
12	DB5	H/L	数据 5
13	DB6	H/L	数据 6
14	DB7	H/L	数据 7
15	PSB	H/L	并/串行接口选择：H-并行；L-串行
16	NC		空脚
17	/RET	H/L	复位 低电平有效
18	NC		空脚
19	LED_A	(LED+5V)	背光源正极
20	LED_K	(LED-OV)	背光源负极

(1) 逻辑工作电压(VDD)：4.5～5.5 V；

(2) 电源地(GND)：0 V；

(3) 工作温度(Ta)：-10～60℃(常温)/-20～70℃(宽温)。

接口时序：

8 位并行连接时序图，MCU 写数据到液晶屏，时序图如图 11-17 所示。

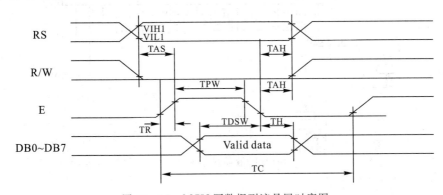

图 11-17　MCU 写数据到液晶屏时序图

MCU 从 LCD 读出数据时序图，如图 11 - 18 所示。

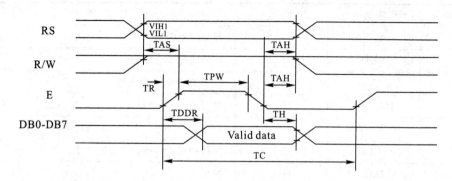

图 11 - 18　MCU 从 LCD 读出数据时序图

GPS 导航信号接收器的硬件电路图如图 11 - 19 所示，其中 STC89C52 单片机原理图、1602 液晶显示原理图、GPS 连接引脚原理图分别如图 11 - 19(a)、图 11 - 19(b)、图11 - 19 (c)所示。

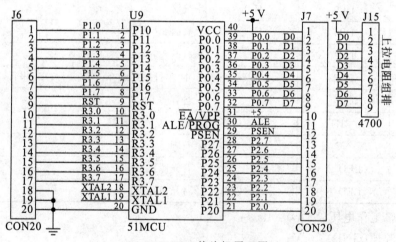

(a) STC89C52 单片机原理图

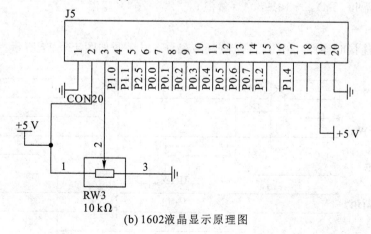

(b) 1602 液晶显示原理图

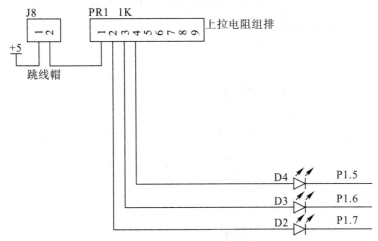

(c) GPS连接引脚原理图

图 11-19　GPS 导航信号接收器的硬件电路图

3. 硬件连接步骤及注意事项

连接步骤：

(1) GPS 天线部分，天线接收端应放在室外，因为房间内没有数据；

(2) 将 GPS 模块的发送数据引脚与单片机 RXD 引脚连接；

(3) 开启供电，显示屏会显示初始化数据，看第一个发光二极管，若是发光二极管闪烁，则表示 GPS 接通无错误，当前在接收数据。若是发光二极管不闪烁，则请查看部分连接；

(4) 一段时间后，获得有效的数据，第二、三个 LED 会亮起，显示屏上会显示当前的日期、时间、纬度和经度。5 秒后，显示屏数据转换，显示速度、方向、高度、海拔高度；每隔 5 秒钟，数据转换一次。

注意事项：

(1) 天线必须延伸到室外，使其能接收信号；

(2) 若是采用开发板 USB 提供电源，则 LCD 的亮度过低，屏幕看不清楚，可以利用外部直流电源，为液晶屏提供较大的电流；

(3) 先拔下 GPS 部分，再载入程序，载入程序后再插上 GPS 部分；

(4) 因为 GPS 冷启动需要少许时间，通常情况，一般在开机后 30 秒到 1 分钟，将出现有效的数据，若是一直接收不到有效数据，请查看天线，保证天线在户外，而且无遮挡物阻挡数据传播；

(5) 静止时测到的速度和航向都是不准确的，只有朝某个方向运行达到一定速度时，才会测到准确数据；

(6) 收到一个有效的数据，在一段时间内，屏幕将显示初始化状态，如果有临时中断信号，则稍等片刻，信号将恢复正常。

11.2.4　软件设计

本次设计的程序，是按以下流程编写的。首先，对接收的程序进行判断。当第一个符号为＄时，表示数据有效，进行接收。其次判断是 GPGGA 还是 GPRMC，最后分别进行数据处理。主程序流程图如图 11 - 20 所示。

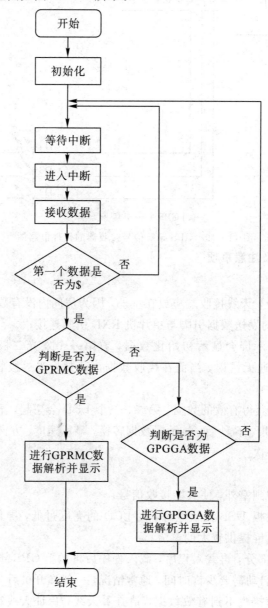

图 11 - 20　主程序流程图

1. GPS 数据包解析

GPS 工作时，每个周期接收一次信息，数据信息如下（其中 x 表示数据）：

　　＄信息类型，x，x，x，x，x，x，x，x，x，x，x，x，x。

每行最开始的字符都是'＄'，接着是信息类型，接着是数据，数据用逗号分隔开。一行完整的数据如下：

　　＄GPRMC，080655.00，A，4546.40891，N，12639.65641，E，1.045，328.42，170809，A＊60

数据类别：

（1）GPGSV 表示非隐藏卫星数据。

（2）GPGLL 表示地理定位数据。

（3）GPRMC 表示推荐最小定位数据。

（4）GPVTG 表示地面速度数据。

（5）GPGGA 表示 GPS 定位数据。

（6）GPGSA 表示当前卫星数据。

这里我们只分析 GPRMC 和 GPGGA 的数据。

解析内容：

（1）时间。这里接收的时间数据是格林威治时间，是世界时间（UTC），我们必须把它变换成北京时间（BTC），BTC 和 UTC 之间差了 8 个小时，所以我们要在当前时间的基础上再加 8 个小时。

（2）定位情形。在捕获到有用的信息之前，用'V'表示，之后的信息都没有，不显示，捕获到有用信息后，用'A'表示，这之后才进行数据显示。

（3）纬度。这里需要将其变换为分钟和第二度的格式，换算方法如下。

如果捕获到的纬度是 4546.40891，4546.40891/100＝45.4640891 可以直接读出 45 度；45.4640891－45＝0.4640891×60＝27.845346 读出 27 分；27.845346－27＝0.845346×60＝50.72076 读出 50 秒，所以纬度是 45 度 27 分 50 秒。纬度有两种值 n（纬度）和 S（南）。

（4）经度的计算方法和纬度的计算方法相同。经度有两种值'E'（东经）和'W'（西经）。

（5）速率，其单位是节，把它转换成公里/小时，根据 1 海里＝ 1.85 公里，将得到的结果乘以 1.85。

（6）航向，它指的是偏离正北的角度。

（7）日期。这个日期是正确的，不需要换算。

GPGGA 数据详解：

$GPGGA，<1>，<2>，<3>，<4>，<5>，<6>，<7>，<8>，<9>，M，<10>，M，<11>，<12>＊xx<CR><LF>

$GPGGA 是最开始的引导符及语句模式阐述（此句为 GPS 定位数据）。

（1）TC 时间，其格式为 hhmmss.sss。

（2）纬度，其格式为 ddmm.mmmm（第一位是零也将传递）。

（3）纬度半球，用 N 或 S（北纬或南纬）表示。

（4）经度，其格式为 dddmm.mmmm（第一位是零也将传递）。

（5）经度半球，用 E 或 W（东经或西经）表示。

（6）定位质量指标，其值为 0 表明位置无效，其值为 1 表明定位有效。

（7）采用卫星数量，其范围是 00～12（第一个零也将传递）。

（8）水准精确度，其范围是 0.5～99.9。

（9）天线距海平面 9999.9 m，9999.9 m 是指单位米。

（10）地面水平面高度，其范围是－9999.9～9999.9 m，m 指单位米。

（11）GPS 数据差期（RTCM SC－104），它最后建立了 RTCM 传输数。

2. 差分参阅基站型号（其范围从 0000～1023，第一位 0 也将传递）

解析内容：第 8、9 字段，海面高度和地球水平面高度，单位是米。

数据处理部分的主要任务是从 GPS 得到数据，进行处理，处理完成之后，传递出去。

3. 数据接收处理部分

GPS 部分接收信息和现实的信息是不同的。首先必须将 GPS 接收的"N，S，E，W"对应成"北纬，南纬，东经，西经"4 个字符；其次 GPS 接收到的信息是"度度分分．分分分分"的方式。但数据显示需要的是"度度°分分′秒秒″"的方式，所以，要进行数据转化。具体的流程图如图 11 - 21 所示。

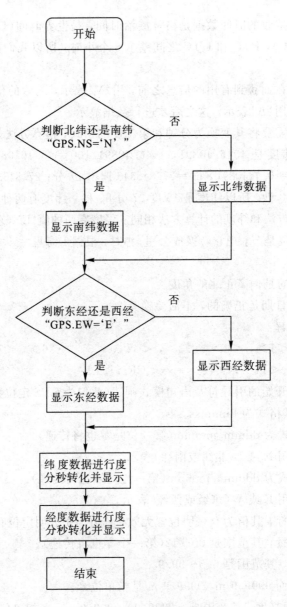

图 11 - 21　经纬度转换流程图

程序如下：

```
//==========================================
//工程名称：  GPS 部分测试程序
//文件名称：  main. c
//功能描述：  GPS 部分接收定位信息，在 LCD 上显示
//组成文件：  main. c LCD. c GPS. c display. c
//头文件：    LCD. h GPS. h display. h
//程序分析：  GPS 部分通过串口向单片机发送固定格式的数据
//          单片机的串口接收到数据后，进行解析，在 LCD 上显示
//          定位信息包括：日期时间，经纬度，速度，角度，高度
//==========================================
#include <reg52. h>
#include <stdio. h>
#include <string. h>
#include "GPS. h"
#include "LCD. h"
#include "display. h"
sbit led1 = P1^5;                //接收数据 D4 指示灯
sbit led2 = P1^6;                //GPRMC 数据有效 D3 指示灯
sbit led3 = P1^7;                //GPGGA 数据有效 D2 指示灯
#define   REV_YES     led1 = 0
#define   REV_NO      led1 = 1
#define   RMC_YES     led2 = 0
#define   RMC_NO      led2 = 1
#define   GGA_YES     led3 = 0
#define   GGA_NO      led3 = 1
char xdata rev_buf[80];          //接收缓存
uchar xdata rev_start = 0;       //接收开始标志
uchar xdata rev_stop=0;          //接收停止标志
uchar xdata gps_flag = 0;        //GPS 处理标志
uchar xdata change_page = 0;     //换页显示标志
uchar xdata num = 0;
extern GPS_INFO   GPS;           //在 display. c 中定义，使用时要加 extern
/* * * * * * * * * * * * * * * * * * * * * * * * * * * * * * * * * * *
串口初始化
* * * * * * * * * * * * * * * * * * * * * * * * * * * * * * * * * * */
void Uart_Init(void)
{
    TMOD = 0x21;
    TH0=0x3c;
    TL0=0xb0;
    TH1=0xfd;
    TL1=0xfd;
```

```
    TR1=1;                  //开启定时器 1
    REN=1;                  //允许接收数据
    SM0=0;
    SM1=1;
    TI=0;
    RI=0;
    EA=1;                   //开总中断
    ES=1;                   //串口 1 中断允许
    ET0 = 1;                //定时器 1 中断允许
}
/* * * * * * * * * * * * * * * * * * * * * * * * * * * * * * * * * * *
主函数
* * * * * * * * * * * * * * * * * * * * * * * * * * * * * * * * * * */
void main(void)
{
    uchar error_num = 0;
    Uart_Init();            //初始化串口
    Lcd_Init();             //初始化 LCD
    GPS_Init();             //初始化 GPS
    while(1)
    {
        if (rev_stop)       //如果接收完一行
        {
            TR0 = 1;        //开启定时器
            REV_YES;
            if (change_page % 2 == 1)                //换页
            {
                if (GPS_GGA_Parse(rev_buf, &GPS))    //解析 GPGGA
                {
                    GGA_YES;
                    GPS_DisplayTwo();                //显示第二页信息
                    error_num = 0;
                    gps_flag = 0;
                    rev_stop  = 0;
                    REV_NO;
                }
                else
                {
                    error_num++;
                    if (error_num >= 20)             //如果数据无效超过 20 次
                    {
                        GGA_NO;
                        error_num = 20;
```

```c
            GPS_Init();              //返回初始化
        }
        gps_flag = 0;
        rev_stop  = 0;
        REV_NO;
    }
  }
  else
  {
      if (GPS_RMC_Parse(rev_buf, &GPS))    //解析 GPRMC
      {
          RMC_YES;
          GPS_DisplayOne();                //显示 GPS 第一页信息
          error_num = 0;
          gps_flag = 0;
          rev_stop  = 0;
          led1 = 1;
      }
      else
      {
          error_num++;
          if (error_num >= 20)      //如果数据无效超过 20 次
          {
              RMC_NO;
              error_num = 20;
              GPS_Init();              //返回初始化
          }
          gps_flag = 0;
          rev_stop  = 0;
          REV_NO;
      }
    }
  }
 }
}
/* * * * * * * * * * * * * * * * * * * * * * * * * * * * * * * * * * * *
定时器中断
 * * * * * * * * * * * * * * * * * * * * * * * * * * * * * * * * * * * */
void timer0(void) interrupt 1
{
    static uchar count = 0;
    TH0 = 0x3c;
    TL0 = 0xb0;
```

```
        count++;
        if (count == 100)                    //5 秒钟
        {
            count = 0;
            change_page++;                   //换页
            if (change_page == 10)
                change_page = 0;
        }
    }
/* * * * * * * * * * * * * * * * * * * * * * * * * * * * * * * * * * * * *
串口接收中断
  * * * * * * * * * * * * * * * * * * * * * * * * * * * * * * * * * * * */
void Uart_Receive(void) interrupt 4
{
    uchar ch;
    ES = 0;
    if (RI)
    {
        ch = SBUF;
        if ((ch == '$') && (gps_flag == 0))   //如果收到字符'$'，便开始接收
        {
            rev_start = 1;
            rev_stop = 0;
        }
        if (rev_start == 1)                  //标志位为1，开始接收
        {
            rev_buf[num++] = ch;             //字符存到数组中
            if (ch == '\n')                  //如果接收到换行
            {
                rev_buf[num] = '\0';
                rev_start = 0;
                rev_stop= 1;
                gps_flag = 1;
                num = 0;
            }
        }
    }
    RI = 0; //RI 清 0，重新接收
    ES = 1;
}

//GPS. c
#include "GPS. h"
```

```
#include "LCD. h"
#include <string. h>
uchar code init1[] = {"GPS 部分测试程序"};
uchar code init2[] = {"  ^.^^.^^.^"};
uchar code init3[] = {"GPS 初始化……"};
uchar code init4[] = {"搜索定位卫星……"};
static uchar GetComma(uchar num, char * str);
static double Get_Double_Number(char * s);
static float Get_Float_Number(char * s);
static void UTC2BTC(DATE_TIME * GPS);
//=========================================//
//语法格式：     void GPS_Init(void)
//实现功能：     GPS 初始化，在 LCD 上显示初始化信息
//参数：        无
//返回值：       无
//=========================================//
void GPS_Init(void)
{
    Lcd_DispLine(0, 0, init1);
    Lcd_DispLine(1, 0, init2);
    Lcd_DispLine(2, 0, init3);
    Lcd_DispLine(3, 0, init4);
}
//=========================================//
//语法格式：int GPS_RMC_Parse(char * line, GPS_INFO * GPS)
//实现功能：把 GPS 部分的 GPRMC 信息解析为可识别的数据
//参    数：存放原始信息字符数组、存储可识别数据的结构体
//返 回 值：
//         1：解析 GPRMC 完毕
//         0：没有进行解析，或数据无效
//=========================================//
int GPS_RMC_Parse(char * line, GPS_INFO * GPS)
{
    uchar ch, status, tmp;
    float lati_cent_tmp, lati_second_tmp;
    float long_cent_tmp, long_second_tmp;
    float speed_tmp;
    char * buf = line;
    ch = buf[5];
    status = buf[GetComma(2, buf)];
    if (ch == 'C')   //如果第五个字符是 C,($GPRMC)
    {
        if (status == 'A')   //如果数据有效，则分析，第二位，A=有效定位，V=无效定位
```

```
            {
                GPS -> NS= buf[GetComma(4, buf)];
                GPS -> EW= buf[GetComma(6, buf)];
                GPS ->latitude= Get_Double_Number(&buf[GetComma(3, buf)]);
                GPS ->longitude= Get_Double_Number(&buf[GetComma(5, buf)]);
                GPS ->latitude_Degree= (int)GPS ->latitude / 100;       //分离纬度
                lati_cent_tmp= (GPS ->latitude - GPS ->latitude_Degree * 100) * 0.6;
                GPS ->latitude_Cent= (int)lati_cent_tmp;
                lati_second_tmp= (lati_cent_tmp - GPS ->latitude_Cent) * 60;
                GPS ->latitude_Second= (int)lati_second_tmp;
                GPS ->longitude_Degree = (int)GPS ->longitude / 100; //分离经度
                long_cent_tmp= (GPS ->longitude - GPS ->longitude_Degree * 100) * 0.6;
                GPS ->longitude_Cent= (int)long_cent_tmp;
                long_second_tmp= (long_cent_tmp - GPS ->longitude_Cent) * 60;
                GPS ->longitude_Second = (int)long_second_tmp;
                speed_tmp= Get_Float_Number(&buf[GetComma(7, buf)]);    //速度(单位:
                                                                        //海里/时)
                GPS ->speed= speed_tmp * 1.85;               //1 海里=1.85 公里
                GPS ->direction = Get_Float_Number(&buf[GetComma(8, buf)]); //角度
                GPS ->D. hour= (buf[7]- '0') * 10 + (buf[8]- '0'); //时间
                GPS ->D. minute= (buf[9]- '0') * 10 + (buf[10]- '0');
                GPS ->D. second= (buf[11]-'0') * 10 + (buf[12]- '0');
                tmp = GetComma(9, buf);
                GPS ->D. day= (buf[tmp + 0]- '0') * 10 + (buf[tmp + 1]- '0'); //日期
                GPS ->D. month= (buf[tmp + 2]-'0') * 10 + (buf[tmp + 3]-'0');
                GPS ->D. year= (buf[tmp + 4]-'0') * 10 + (buf[tmp + 5]-'0')+2000;
                UTC2BTC(&GPS ->D);
                return 1;
            }
        }
    return 0;
}
//=============================================//
//语法格式: int GPS_GGA_Parse(char * line, GPS_INFO * GPS)
//实现功能: 把 GPS 部分的 GPGGA 信息解析为可识别的数据
//参    数: 存放原始信息字符数组、存储可识别数据的结构体
//返 回 值:
//          1: 解析 GPGGA 完毕
//          0: 没有进行解析, 或数据无效
//=============================================//
int GPS_GGA_Parse(char * line, GPS_INFO * GPS)
{
    uchar ch, status;
```

```
        char  * buf = line;
        ch = buf[4];
        status = buf[GetComma(2, buf)];
        if (ch == 'G')   // $ GPGGA
        {
            if (status != ',')
            {
                GPS -> height_sea = Get_Float_Number(&buf[GetComma(9, buf)]);
                GPS -> height_ground = Get_Float_Number(&buf[GetComma(11, buf)]);
                return 1;
            }
        }
        return 0;
}
//=============================================//
//语法格式：static float Str_To_Float(char * buf)
//实现功能：把一个字符串转化成浮点数
//参      数：字符串
//返 回 值：转化后单精度值
//=============================================//
static float Str_To_Float(char * buf)
{
        float rev = 0;
        float dat;
        int integer = 1;
        char * str = buf;
        int i;
        while( * str != '\0')
        {
            switch( * str)
            {
                case '0':
                    dat = 0;
                    break;
                case '1':
                    dat = 1;
                    break;
                case '2':
                    dat = 2;
                    break;
                case '3':
                    dat = 3;
                    break;
```

```
            case '4':
                dat = 4;
                break;
            case '5':
                dat = 5;
                break;
            case '6':
                dat = 6;
                break;
            case '7':
                dat = 7;
                break;
            case '8':
                dat = 8;
                break;
            case '9':
                dat = 9;
                break;
            case '.':
                dat = '.';
                break;
        }
        if(dat == '.')
        {
            integer = 0;
            i = 1;
            str ++;
            continue;
        }
        if( integer == 1 )
        {
            rev = rev * 10 + dat;
        }
        else
        {
            rev = rev + dat / (10 * i);
            i = i * 10 ;
        }
        str ++;
    }
    return rev;
}
```

```
//============================================//
//语法格式：static float Get_Float_Number(char * s)
//实现功能：把给定字符串第一个逗号之前的字符转化成单精度型
//参    数：字符串
//返 回 值：转化后单精度值
//============================================//
static float Get_Float_Number(char * s)
{
    char buf[10];
    uchar i;
    float rev;
    i=GetComma(1, s);
    i = i-1;
    strncpy(buf, s, i);
    buf[i] = 0;
    rev=Str_To_Float(buf);
    return rev;
}
//============================================//
//语法格式：static double Str_To_Double(char * buf)
//实现功能：把一个字符串转化成浮点数
//参    数：字符串
//返 回 值：转化后双精度值
//============================================//
static double Str_To_Double(char * buf)
{
    double rev = 0;
    double dat;
    int integer = 1;
    char * str = buf;
    int i;
    while( * str != '\0')
    {
        switch( * str)
        {
            case '0':
                dat = 0;
                break;
            case '1':
                dat = 1;
                break;
            case '2':
                dat = 2;
```

```
                break;
            case '3':
                dat = 3;
                break;
            case '4':
                dat = 4;
                break;
            case '5':
                dat = 5;
                break;
            case '6':
                dat = 6;
                break;
            case '7':
                dat = 7;
                break;
            case '8':
                dat = 8;
                break;
            case '9':
                dat = 9;
                break;
            case '.':
                dat = '.';
                break;
        }
        if(dat == '.')
        {
            integer = 0;
            i = 1;
            str ++;
            continue;
        }
        if( integer == 1 )
        {
            rev = rev * 10 + dat;
        }
        else
        {
            rev = rev + dat / (10 * i);
            i = i * 10 ;
        }
        str ++;
```

```
        }
    return rev;
}


//=====================================//
//语法格式：static double Get_Double_Number(char * s)
//实现功能：把给定字符串第一个逗号之前的字符转化成双精度型
//参    数：字符串
//返 回 值：转化后双精度值
//=====================================//
static double Get_Double_Number(char * s)
{
    char buf[10];
    uchar i;
    double rev;
    i=GetComma(1, s);
    i = i-1;
    strncpy(buf, s, i);
    buf[i] = 0;
    rev=Str_To_Double(buf);
    return rev;
}
//=====================================//
//语法格式：static uchar GetComma(uchar num, char * str)
//实现功能：计算字符串中各个逗号的位置
//参    数：查找的逗号是第几个的个数，需要查找的字符串
//返 回 值：0
//=====================================//
static uchar GetComma(uchar num, char * str)
{
    uchar i, j = 0;
    int len=strlen(str);
    for(i = 0; i < len; i ++)
    {
        if(str[i] == ',')
            j++;
        if(j == num)
            return i + 1;
    }
    return 0;
}
//=====================================//
//语法格式：void UTC2BTC(DATE_TIME * GPS)
```

```
//实现功能：转化时间为北京时区的时间
//参    数：存放时间的结构体
//返 回 值：无
//============================================//
static void UTC2BTC(DATE_TIME * GPS)
{
    GPS->second ++;
    if(GPS->second > 59)
    {
        GPS->second = 0;
        GPS->minute ++;
        if(GPS->minute > 59)
        {
            GPS->minute = 0;
            GPS->hour ++;
        }
    }
    GPS->hour = GPS->hour + 8;
    if(GPS->hour > 23)
    {
        GPS->hour -= 24;
        GPS->day += 1;
        if(GPS->month == 2 ||
                GPS->month == 4 ||
                GPS->month == 6 ||
                GPS->month == 9 ||
                GPS->month == 11 )
        {
            if(GPS->day > 30)
            {
                GPS->day = 1;
                GPS->month++;
            }
        }
        else
        {
            if(GPS->day > 31)
            {
                GPS->day = 1;
                GPS->month ++;
            }
        }
        if(GPS->year % 4 == 0 )
```

```
    {
        if(GPS->day > 29 && GPS->month == 2)
        {
            GPS->day = 1;
            GPS->month ++;
        }
    }
    else
    {
        if(GPS->day > 28 && GPS->month == 2)
        {
            GPS->day = 1;
            GPS->month ++;
        }
    }
    if(GPS->month > 12)
    {
            GPS->month -= 12;
            GPS->year ++;
    }
    }
}
//===========================================//
//语法格式：Int_To_Str(int x, char * Str)
//实现功能：转化整型值为字符串形式
//参    数：x 是转化的整数
//Str：       转化后的字符串
//返回值：   无
//===========================================//
void Int_To_Str(int x, char * Str)
{
    int t;
    char * Ptr, Buf[5];
    int i = 0;
    Ptr = Str;
    if(x < 10)// 当整数小于 10 时，转化为"0x"的格式
    {
        * Ptr ++ = '0';
        * Ptr ++ = x+0x30;
    }
    else
    {
        while(x > 0)
```

```
        {
            t = x % 10;
            x = x / 10;
            Buf[i++] = t+0x30; // 通过计算把数字转化成 ASCII 码形式
        }
        i--;
        for(; i >= 0; i--) // 将得到的字符串倒序
        {
            *(Ptr++) = Buf[i];
        }
    }
    *Ptr = '\0';
}


//LCD. c
#include "LCD. h"
//=======================================//
//语法格式：void delay(uint z)
//实现功能：毫秒级延时函数
//参    数：z--ms
//返 回 值：无
//=======================================//
void delay(uint z)
{
    uint x, y;
    for (x = z; x > 0; x--)
        for(y = 110; y > 0; y--);
}
//=======================================//
//语法格式：static bit Lcd_Busy(void)
//实现功能：检查 LCD 忙状态。为 1 时，忙，等待。为 0 时，闲，可写指令与数据
//参    数：无
//返 回 值：忙状态
//=======================================//
static bit Lcd_Busy(void)
{
    bit result;
    LCD_RS = 0;
    LCD_RW = 1;
    LCD_EN = 1;
    DelayNOP();
    result = (bit)(P0&0x80);
    LCD_EN = 0;
```

```
        return(result);
}
//=========================================//
//语法格式：void Lcd_WriteCmd(uchar cmd)
//实现功能：写指令数据到 LCD
//参    数：要写入的指令
//返 回 值：无
//=========================================//
void Lcd_WriteCmd(uchar cmd)
{
    while(Lcd_Busy());
    LCD_RS = 0;
    LCD_RW = 0;
    LCD_EN = 0;
    _nop_();
    _nop_();
    P0 = cmd;
    DelayNOP();
    LCD_EN = 1;
    DelayNOP();
    LCD_EN = 0;
}
//=========================================//
//语法格式：void Lcd_WriteDat(uchar dat)
//实现功能：写显示数据到 LCD
//参    数：要显示的数据
//返 回 值：无
//=========================================//
void Lcd_WriteDat(uchar dat)
{
    while(Lcd_Busy());
    LCD_RS = 1;
    LCD_RW = 0;
    LCD_EN = 0;
    P0 = dat;
    DelayNOP();
    LCD_EN = 1;
    DelayNOP();
    LCD_EN = 0;
}
//=========================================//
//语法格式：void Lcd_Init(void)
//实现功能：LCD 初始化
```

```c
//参      数：无
//返 回 值：无
//=========================================//
void Lcd_Init(void)
{
    LCD_PSB = 1;                    //并口方式
    Lcd_WriteCmd(0x34);            //扩充指令操作
    delay(5);
    Lcd_WriteCmd(0x30);            //基本指令操作
    delay(5);
    Lcd_WriteCmd(0x0C);            //显示开，关光标
    delay(5);
    Lcd_WriteCmd(0x01);            //清除 LCD 的显示内容
    delay(5);
}
//=========================================//
//语法格式：void Lcd_SetPos(uchar X, uchar Y)
//实现功能：设定显示位置
//参      数：X 表示行，Y 表示列
//返 回 值：无
//=========================================//
void Lcd_SetPos(uchar X, uchar Y)
{
    uchar   pos;
    if (X==0)
      {X=0x80;}
    else if (X==1)
      {X=0x90;}
    else if (X==2)
      {X=0x88;}
    else if (X==3)
      {X=0x98;}
    pos = X+Y;
    Lcd_WriteCmd(pos);             //显示地址
}
//=========================================//
//语法格式：void Lcd_DispLine(uchar line, uchar pos, uchar * str)
//实现功能：显示一行字符
//参      数：line 指定行，pos 指定位置（列）str 是字符串
//返 回 值：无
//=========================================//
void Lcd_DispLine(uchar line, uchar pos, uchar * str)
{
```

```
        int i = 0;
        Lcd_SetPos(line, pos);
        while (str[i] != '\0')
        {
            Lcd_WriteDat(str[i]);
            i++;
        }
    }


    //display. c
    #include "display. h"
    GPS_INFO    GPS;    //GPS 信息结构体
    /* * * * * * * * * * * * * * * * * * * * * * * * * * * * * * * * * * * * * * *
    常量定义区
    注意，不要定义在头文件中
     * * * * * * * * * * * * * * * * * * * * * * * * * * * * * * * * * * * * * * * */
    uchar code beiwei[] = "北纬";
    uchar code nanwei[] = "南纬";
    uchar code dongjing[] = "东经";
    uchar code xijing[] = "西经";
    uchar code sudu[] = "速度：";
    uchar code hangxiang[] = "航向：";
    uchar code gaodu[] = "高度：";
    uchar code jiaodu[] = "角度：";
    uchar code haiba[] = "海拔：";
    uchar code du[] = "度";
    uchar code meter[] = "米";
    uchar code kmperhour[] = "km/h";
    uchar code date[] = "年    月    日    ";
    void Show_Float(float fla, uchar x, uchar y);
    /* * * * * * * * * * * * * * * * * * * * * * * * * * * * * * * * * * * * * * *
    显示时间
     * * * * * * * * * * * * * * * * * * * * * * * * * * * * * * * * * * * * * * * */
    void GPS_DispTime(void)
    {
        uchar i = 0;
        uchar ch;
        char time[5];
        Lcd_DispLine(0, 0, date);                 //年月日
        Int_To_Str(GPS. D. year, time);           //将年转换成字符串，存在 time 中
        Lcd_SetPos(0, 0);                         //设置显示地址
        i = 0;
        while(time[i] != '\0')
```

```
{
    ch = time[i++];
    Lcd_WriteDat(ch);                    //显示年
}
Int_To_Str(GPS. D. month, time);
Lcd_SetPos(0, 3);
i = 0;
while(time[i] != '\0')
{
    ch = time[i++];
    Lcd_WriteDat(ch);
}
Int_To_Str(GPS. D. day, time);
Lcd_SetPos(0, 5);
i = 0;
while(time[i] != '\0')
{
    ch = time[i++];
    Lcd_WriteDat(ch);
}
Int_To_Str(GPS. D. hour, time);
Lcd_SetPos(1, 1);
i = 0;
while(time[i] != '\0')
{
    ch = time[i++];
    Lcd_WriteDat(ch);
}
Lcd_WriteDat(' ');
Lcd_WriteDat(':');
Int_To_Str(GPS. D. minute, time);
Lcd_SetPos(1, 3);
i = 0;
while(time[i] != '\0')
{
    ch = time[i++];
    Lcd_WriteDat(ch);
}
Lcd_WriteDat(' ');
Lcd_WriteDat(':');
Int_To_Str(GPS. D. second, time);
Lcd_SetPos(1, 5);
i = 0;
```

```
        while(time[i] != '\0')
        {
            ch = time[i++];
            Lcd_WriteDat(ch);
        }
}
/* * * * * * * * * * * * * * * * * * * * * * * * * * * * * * * * * *
显示第一页(日期,时间,经度,纬度)
* * * * * * * * * * * * * * * * * * * * * * * * * * * * * * * * * */
void GPS_DisplayOne(void)
{
    uchar ch, i;
    char info[10];
    Lcd_WriteCmd(0x01);                     //清屏
    GPS_DispTime();
    if (GPS. NS == 'N')                     //判断是北纬还是南纬
        Lcd_DispLine(2, 0, beiwei);
    else if (GPS. NS == 'S')
        Lcd_DispLine(2, 0, nanwei);
    if (GPS. EW == 'E')                     //判断是东经还是西经
        Lcd_DispLine(3, 0, dongjing);
    else if (GPS. EW == 'W')
        Lcd_DispLine(3, 0, xijing);
    Int_To_Str(GPS. latitude_Degree, info);   //纬度
    Lcd_SetPos(2, 3);
    i = 0;
    while(info[i] != '\0')
    {
        ch = info[i++];
        Lcd_WriteDat(ch);
    }
    Lcd_WriteDat(0xA1);
    Lcd_WriteDat(0xE3);
    Int_To_Str(GPS. latitude_Cent, info);      //纬分
    i = 0;
    while(info[i] != '\0')
    {
        ch = info[i++];
        Lcd_WriteDat(ch);
    }
    Lcd_WriteDat(0xA1);
    Lcd_WriteDat(0xE4);
    Int_To_Str(GPS. latitude_Second, info);    //纬秒
```

```
        i = 0;
        while(info[i] != '\0')
        {
            ch = info[i++];
            Lcd_WriteDat(ch);
        }
        Int_To_Str(GPS. longitude_Degree, info);   //经度
        Lcd_SetPos(3, 2);
        Lcd_WriteDat(' ');
        i = 0;
        while(info[i] != '\0')
        {
            ch = info[i++];
            Lcd_WriteDat(ch);
        }
        Lcd_WriteDat(0xA1);
        Lcd_WriteDat(0xE3);
        Int_To_Str(GPS. longitude_Cent, info);      //经分
        i = 0;
        while(info[i] != '\0')
        {
            ch = info[i++];
            Lcd_WriteDat(ch);
        }
        Lcd_WriteDat(0xA1);
        Lcd_WriteDat(0xE4);
        Int_To_Str(GPS. longitude_Second, info);   //经秒
        i = 0;
        while(info[i] != '\0')
        {
            ch = info[i++];
            Lcd_WriteDat(ch);
        }
}
/* * * * * * * * * * * * * * * * * * * * * * * * * * * * * * * * * * * * *
显示第二页(速度,航向,地面高度,海拔高度)
* * * * * * * * * * * * * * * * * * * * * * * * * * * * * * * * * * * * */
void GPS_DisplayTwo(void)
{
    Lcd_WriteCmd(0x01);                          //清屏
    Lcd_DispLine(0, 0, sudu);
    Lcd_DispLine(1, 0, hangxiang);
    Lcd_DispLine(2, 0, gaodu);
```

```
        Lcd_DispLine(3, 0, haiba);
        Show_Float(GPS. speed, 0, 3);
        Lcd_DispLine(0, 6, kmperhour);
        Show_Float(GPS. direction, 1, 3);
        Lcd_DispLine(1, 6, du);
        Show_Float(GPS. height_ground, 2, 3);
        Lcd_DispLine(2, 6, meter);
        Show_Float(GPS. height_sea, 3, 3);
        Lcd_DispLine(3, 6, meter);
}
//=========================================
//语法格式：void Show_Float(float fla, uchar x, uchar y)
//实现功能：在 LCD 上显示浮点数
//参数：fla 是要显示的浮点数
//      x 是 LCD 的 x 坐标
//      y 是 LCD 的 y 坐标
//返回值：无
//=========================================
void Show_Float(float fla, uchar x, uchar y)
{
        int integar;
        char Info[10], ch;
        uchar i;
        Lcd_SetPos(x, y);
        integar = (int)fla;                  // 显示整数部分
        Int_To_Str(fla, Info);               //显示整数部分
        i = 0;
        while(Info[i] != '\0')
        {
            ch=Info[i++];
            Lcd_WriteDat(ch);
        }
        Lcd_WriteDat('. ');                  //显示小数点
        fla = fla−integer;                   //显示小数部分
        fla =   fla * 10;                    //0.1，显示 0.1
        integar = (int) fla;
        fla = fla−integer;                   // 改变 fla 的值，使 fla 总是小于 1
        ch = integar + 0x30;
        Lcd_WriteDat(ch);
        fla =   fla * 10;    //0.01         // 显示 0.01
        integar = (int) fla;
        fla = fla−integer;                   // 改变 fla 的值，使 fla 总是小于 1
        ch = integar + 0x30 ;
```

```
        Lcd_WriteDat(ch);
}

//GPS. h
#ifndef __GPS_H_
#define __GPS_H_
#define uchar unsigned char
#define uint   unsigned int
typedef struct{
    int year;
    int month;
    int day;
    int hour;
    int minute;
    int second;
}DATE_TIME;
typedef xdata struct{
    double  latitude;           //经度
    double  longitude;          //纬度
    int     latitude_Degree;    //度
    int     latitude_Cent;      //分
    int     latitude_Second;    //秒
    int     longitude_Degree;   //度
    int     longitude_Cent;     //分
    int     longitude_Second;   //秒
    float   speed;              //速度
    float   direction;          //航向
    float   height_ground;      //水平面高度
    float   height_sea;         //海拔高度
    uchar   NS;
    uchar   EW;
    DATE_TIME D;
}GPS_INFO;
void GPS_Init(void);
int GPS_RMC_Parse(char * line, GPS_INFO * GPS);
int GPS_GGA_Parse(char * line, GPS_INFO * GPS);
void Int_To_Str(int x, char * Str);
#endif   //__GPS_H_

//LCD. h
#ifndef __LCD_H_
#define __LCD_H_
#include <reg52. h>
```

```
#include <intrins. h>
#define uchar unsigned char
#define uint    unsigned int
#define LCD_data    P0          //数据口
sbit LCD_RS=P1^0；             //寄存器选择输入
sbit LCD_RW=P1^1；             //液晶读/写控制
sbit LCD_EN=P2^5；             //液晶使能控制
sbit LCD_PSB=P1^4；            //串/并方式控制
#define DelayNOP()；{_nop_()；_nop_()；_nop_()；_nop_()；};
void delay(uint z)；
void Lcd_WriteCmd(uchar cmd)；
void Lcd_WriteDat(uchar dat)；
void Lcd_Init(void)；
void Lcd_SetPos(uchar X，uchar Y)；
void Lcd_DispLine(uchar line，uchar pos，uchar * str)；
#endif //__LCD_H_

//display. h
#ifndef __DISPLAY_H_
#define __DISPLAY_H_
#include "LCD. h"
#include "GPS. h"
void GPS_DispTime(void)；
void GPS_DisplayOne(void)；
void GPS_DisplayTwo(void)；
#endif //__DISPLAY_H_
```

11.3　本章小结

本章详细介绍了单片机应用系统的设计过程。以两个工程项目为例，完整地介绍了单片机与外围电路的硬件接口及软件设计，详细阐明了硬件接口及软件设计的原理、具体实现的功能，并给出了相应的原理图和相关的代码以及注意事项和难点。

11.4　习题与思考

（1）单片机应用系统的设计有哪些基本要求？
（2）单片机应用系统由哪些部分组成？
（3）单片机应用系统的设计有哪些步骤？

第12章　单片机 C 语言编程语法

【小明】：经过了综合测试，以及跟您请教了这么多的问题后，我觉得自己真的有了不小的进步，想想还有些小激动呢！但是我还有两个问题：第一个问题是，想学好单片机的话，您认为先学好什么才最重要？

【老师】：想学好单片机，C 语言是至关重要的，C 语言基础一定要打好。单片机开发需要同时掌握硬件和软件两种技术，软件可以靠学习，硬件建议是多积累，多研究别人的电路，研究明白了就是自己的了。

【小明】：嗯，通过这么长时间的学习和实践，我觉得您说得太对了，第二个问题是，我一边学习单片机，一边复习之前学过的 C 语言，但是我发现，单片机的 C 语言和标准 C 语言之间还是有一些不同，这些不同又是什么呢？

【老师】：(微笑)这个问题通过学习本章内容，就能得出答案。

引　言

使用 C 语言进行单片机程序的设计与开发已成为单片机开发的主流，是单片机开发与应用的必然趋势。用 C 语言编写单片机应用程序，不用像汇编语言那样必须具体组织、分配存储器资源和处理端口数据，而是把精力更多地放在如何完成功能上。单片机 C 语言编程也不完全同于标准 C 语言，需要根据单片机的存储结构和内部资源定义相应的数据类型和变量。

本章节作为本书的最后一个章节，也可视为附录章节，侧重在帮助学生如何在单片机中用好 C 语言，可以作为一个参考手册及课外补充章节。本章主要说明 C51 与标准 C 语言的差异，本章的前提是学生已充分了解了标准 C 语言的语法规则，标准 C 的相关内容在这里不再赘述，只作为与 C51 的比较。

12.1　C 语言与汇编语言的比较

12.1.1　两种语言在单片机开发中的比较

过去，单片机应用程序设计采用的都是汇编语言。采用汇编语言编写应用程序，可直接操纵系统的硬件资源，有益于编写出高质量的程序代码。但是采用汇编语言编写比较复杂的数值计算程序就非常困难，而且汇编语言源程序的可读性远不如高级语言源程序，非编写者若要修改程序的功能，则需要花费心思重新阅读程序，甚至编写者本人要修改程序的功能都比较费劲。从系统开发的时间和周期来看，采用汇编语言进行单片机应用程序设计的效率并不是很高。

随着计算机应用技术的发展，逐渐出现了众多支持高级语言编程的单片机软件开发工具，其中利用 C 语言来设计单片机应用程序已成为了单片机应用系统开发设计的一种主流趋势。相比其他高级语言，使用 C 语言编程与人的思维方式和思考习惯更为符合，可读性好，易于上手、维护方便，可直接实现对系统硬件的控制。采用 C 语言易于开发复杂的单片机应用程序，有利于单片机产品的重新选型和应用程序的移植，使得单片机应用程序的开发速度大大提高。

12.1.2　C51 在单片机开发中的地位和作用

MCS-51 单片机是美国 Intel 公司在 1980 年推出的高性能 8 位单片机，它有 51 和 52 两个系列，每个系列下又有各自不同的几种机型。虽然 Intel 公司后期把 MCS-51 单片机技术转让给了其他厂家，但是其核心内核在随后的一代代产品中始终被继承和保留下来；同时，鉴于汇编语言在单片机开发中存在可读性差等一些问题，人们开始尝试用 C 语言等高级语言来开发单片机应用程序，经过 Keil 等诸多公司的开发人员的多年研究和不懈努力，终于解决了 C 语言移植到单片机的过程中面临的一系列问题，开发出了单片机的 C 语言 C51，它在 20 世纪 90 年代逐渐成为了专业化单片机开发的高级语言。

C51 是针对 51 系列单片机的 C 语言，是根据单片机存储结构和内部资源定义的 C 语言数据和变量，它吸收了 C 语言的全部特点，其语法规定、程序结构及程序设计方法都与标准 C 语言相似。C51 不用再像汇编语言那样具体地组织、分配存储器资源和处理端口数据，甚至可以在对单片机内部结构和存储器结构不太熟悉、对处理器的指令集没有深入了解的情况下编写应用程序。但要使编译器产生充分利用单片机资源、执行效率高、适合单片机目标硬件的程序代码，对数据类型和变量的定义就必须与单片机的存储结构相关联，否则就不能正确编译。因而在某种程度上来说，没有对单片机硬件资源、体系结构和指令系统的充分了解，就不能设计出非常实用、高质量的单片机应用程序，所以想要成为优秀的单片机开发人员的读者，现阶段就要认真学习和熟练掌握 C51 编程设计。

12.2　C51 与标准 C 语言的区别与联系

虽然 C51 继承了标准 C 语言的绝大部分特征，其基本语法、程序结构、设计方法等与标准 C 语言一致，但是它毕竟是针对 51 系列单片机特定的硬件结构而开发的，所以在使用中还是和标准 C 语言有一些差异，主要体现在以下一些方面。

12.2.1　数据类型的差异

C51 语言中的数据类型与标准 C 语言的数据类型有一定的区别，除了常规的字符型（char）、整型（int）、浮点型（float）等，在 C51 语言中还专门增加了一种针对 51 单片机的特有的数据类型——位类型。

位类型是 C51 语言中扩充的数据类型，用于访问单片机中可寻址的位单元。C51 支持两种位类型：bit 类型和 sbit 类型。它们在内存中都只占了一个二进制位（bit），其值为 1 或者 0。

C51 语言扩充的这种位类型可以节省单片机宝贵的数据存储单元，例如程序运行中的一个状态、一个外围设备的开或关，用 1 个 bit 就可以表示，而不需要用 1B，这样就能节省存储单元了。

程序设计中有时会出现运算中数据类型不一致的情况，C51 语言允许在不同数据类型之间进行运算，这些数据类型间存在着默认的转换关系，这种转换的优先级从低到高是：bit、char、int、long、float，这种转换在运算时是系统自动进行的，优先级低的数据类型会自动转换成优先级高的数据类型，然后再进行数据间的运算，最终结果自然是优先级高的数据类型。signed 类型的优先级低于 unsigned 类型，它们之间的转换也类似于上述情况。

在这里还需要说明的一点是，C51 除了支持上述默认转换外，它和标准 C 语言一样，还允许通过强制类型转换的方式对数据类型进行人为的强制转换，至于何谓"强制类型转换"，请读者参看标准 C 语言的内容。

12.2.2　数据存储种类、存储器类型与存储模式

1. 数据存储种类

存储种类是指变量在程序执行过程中的作用范围。C51 语言中变量的数据存储种类有四种：auto（自动）、extern（外部）、static（静态）、register（寄存器）。这与标准 C 语言的用法一样，如果定义变量时缺省了数据存储种类，则系统会自动默认为 auto 型，因而在这里就不再赘述。仅说明一点，register 定义的变量存放在 CPU 内部的寄存器中，处理速度快，但数目少，C51 编译时能自动识别程序中使用频率最高的变量，并自动将其作为寄存器变量，用户无须专门定义。

2. 存储器类型

51 单片机中，数据存储器 RAM 和程序存储器 ROM 是严格区分的。程序存储器 ROM 只存放程序、固定常数和数据表格。数据存储器 RAM 作为工作区，存放用户数据。RAM 又分为片内、片外两个独立的寻址空间。片内 RAM 能快速存取数据，但容量非常有限；片外 RAM 主要用于存放不常用的变量值、待处理的数据或准备发往另一台计算机的数据。在使用片外 RAM 的数据时，必须先用指令将它们全部传送到片内 RAM，待数据处理完后再将结果返回到片外 RAM 中。特殊功能寄存器与片内 RAM 统一编址。

C51 的数据类型以一定的存储类型定位在单片机的某一存储器区域中。存储器类型用于指明变量所处的单片机存储器区域的情况，其与存储种类完全不同，它与单片机的存储器结构相关。C51 编译器能识别的存储器类型见表 12-1。

表 12-1　C51 存储器类型与单片机存储空间的对应关系

存储器类型	对应的单片机存储空间及特点
data	直接寻址的片内 RAM 的低 128B(0x00～0x7F)，寻址速度最快
bdata	可位寻址的片内 RAM 的 16B(0x20～0x2F)，允许位与字节的混合访问
idata	间接寻址的片内 RAM 的全部区域 256B(0x00～0xFF)
pdata	分页寻址的片外 RAM 的低 256B，P2 固定(0x00～0xFF)
xdata	片外 RAM 的全部区域 64KB(0x0000～0xFFFF)
code	程序存储区 ROM 的 64KB(0x0000～0xFFFF)

由表 12-1 可知：

（1）当使用存储器类型 data、bdata、idata 定义常量和变量时，C51 会将其定位在片内 RAM 中；

（2）当使用存储器类型 pdata、xdata 定义常量和变量时，C51 会将其定位在片外 RAM 中；

（3）当使用片外 RAM 中的数据时，必须首先将这些数据移到片内 RAM 中，因此相对片外 RAM 而言，虽然片内 RAM 容量较小，但是能快速存取各种数据；片内 RAM 通常用于存放临时变量或者使用频率较高的变量。

带存储器变量的一般定义格式如下：

　　　　数据类型　　存储器类型　　变量名；

同时，C51 也允许在变量的数据类型定义前指定存储器类型，两种定义形式等价。如：

　　　　char data var1；//字符变量 var1 放在片内 RAM 低 128B 中，等价于 data char var1

　　　　bit bdata var2；//位变量 var2 放在片内 RAM 可寻址区中，等价于 bdata bit var2

　　　　int code var3；//整型变量 var3 放在片外 ROM 中，等价于 code int var3

　　　　unsigned char xdata v[5]；//数组放在片外 RAM 中，等价于 xdata unsigned char v[5]

3. 存储模式

定义变量时，也允许缺省"存储器类型"，这时 C51 会按照编译时使用的存储模式来自动选择存储器类型、确定变量的存储空间。存储模式决定了无明确存储器类型说明的变量的存储器类型和参数传递区。

C51 支持以下三种存储模式：SMALL 模式（小编译模式）、COMPACT 模式（紧凑编译模式）、LARGE 模式（大编译模式）。不同的存储模式对应的变量默认的存储器类型不一样，具体见表 12-2。

表 12-2　存储模式及说明

存储模式	说　　　明	存储器类型
Small	函数参数和变量放在直接寻址的片内 RAM（最大 128B）	data
Compact	函数参数和变量放在分页寻址的片外 RAM（最大 256B）	pdata
Large	函数参数和变量直接放在片外 RAM 的区域（最大 64KB）	xdata

如：若有定义语句 char var；即在定义变量时缺省了存储器类型说明符，则编译器会自动选择默认的存储器类型，选择的存储器类型是由 Small、Compact、Large 存储模式决定的。

（1）在 Small 存储模式下，字符变量 var 的存储器类型为 data，定位在片内 RAM 的低 128B 中；

（2）在 Compact 存储模式下，字符变量 var 的存储器类型为 pdata，定位在片外 RAM 的低 256B 中；

（3）在 Large 存储模式下，字符变量 var 的存储器类型为 xdata，定位在片外 RAM 中。

注意：一般在编写单片机程序时，常会遇到片内 RAM 不够用而导致编译无法通过的情况，通常的解决办法就是，精简使用的变量，或者将位于片内 RAM 的变量移到片外

RAM 中。

12.2.3 位变量及其定义

C51 允许用户通过位类型符定义位变量，上面讲到位类型有两个，bit 和 sbit，所以可以定义两种位变量。

（1）bit 用于定义一般的位变量，格式如下：

　　bit 位变量名；

在格式中可以加上各种修饰，但注意存储器类型只能是 bdata、data、idata。如：

　　bit bdata b；//定义 b 是 bdata 区的位变量

bit 仅用于定义存放在片内 RAM 的位寻址区中的常量或变量，即位变量占据的空间不能超过 128 位，因此位变量的存储类型限制为 data、bdata、idata，严格来说只能是 bdata，如果将位变量的存储类型定义为其他类型，则会导致编译出错。

同时需要注意的是，位变量不能定义成一个指针，也不存在位数组。如：

　　bit * bit_p；//出错，不能定义位指针

　　bit bit_array[10]；//出错，不存在位数组

（2）sbit 用于定义在可位寻址字节或特殊功能寄存器中的"位"，格式如下：

　　sbit 位变量名＝位地址；

其中，"＝"后面的位地址可以有以下三种形式（寻址位）。

① 绝对地址，其取值范围是 0x00～0xFF。如：

　　sbit CY＝0xD7；//定义 CY 位的地址是 0xD7

　　sbit OV＝0xD2；//定义 OV 位的地址是 0xD2

② 定义过的特殊功能寄存器名^寻址位对应的位号。如：

　　sfr PSW＝0xD0；//定义 PSW 的地址为 0xD0

　　sbit CY＝PSW^7；//定义 CY 位的地址是 0xD7

　　sbit OV＝PSW^2；//定义 OV 位的地址是 0xD2

③ 特殊功能寄存器的字节地址^寻址位对应的位号。如：

　　sbit CY＝0xD0^7；//定义 CY 位为 PSW.7，位地址是 0xD7

　　sbit OV＝0xD0^2；//定义 OV 位为 PSW2，位地址是 0xD2

这里需要说明的是，"^"后面的位号，必须是 0～7 之间的数字。

小结：用 bit 型定义的位变量在编译时，不同的时候位地址是可以变化的。而用 sbit 定义的位变量必须与单片机的一个可以寻址位单元或可位寻址的字节单元中的某一位联系在一起，在编译时其对应的位地址是不可变化的。

编程中如需使用位数据类型，就可以用 bit 定义一个位变量，不用关心系统将它放在何处。而 sbit 型常用来定义单片机中特殊功能寄存器中的某一位（特殊功能寄存器大多可按位操作），Keil C51 库函数内的 reg51.h 和 reg52.h 头文件中也对这些特殊功能寄存器的"位"进行了定义，而它们一般都有对应的"位"名字，所以在程序中常常使用这些特殊功能寄存器的名字来引用它们，而较少使用 sbit 来直接定义位变量。

12.2.4　特殊功能寄存器及其定义

51 单片机内有许多个特殊功能寄存器,可以控制定时器、计数器、I/O 口等,每个特殊功能寄存器在单片机内都对应着特定的字节单元,为了方便且直接地访问它们,C51 语言扩充了一种数据类型,专门用于访问单片机中的特殊功能寄存器数据,这种方式是标准 C 语言所不具有的。

C51 支持两种特殊功能寄存器类型:sfr 类型和 sfr16 类型,即访问时通过使用关键字"sfr"或者"sfr16"进行定义,定义时需指明它们所对应的地址。格式如下:

> sfr 或 sfr16 特殊功能寄存器＝地址;

其中,sfr 用于定义单片机中单字节的特殊功能寄存器,sfr16 用于定义单片机中双字节的特殊功能寄存器。"＝"后必须是地址常数,不允许带有运算符的表达式,这个地址常数的值必须在特殊功能寄存器的地址范围(0x80～0xFF)内。如:

> sfr P0＝0x80;　　　//P0 的地址是 0x80
>
> sfr SCON＝0x98;　　//串口控制寄存器 SCON 的地址是 0x98
>
> sfr TMON＝0x88;　　//定时/计数器方式控制寄存器 TMON 的地址是 0x88
>
> sfr16 T2＝0xCC;　　//定时/计数器 2 的 T2L 地址为 0xCC,T2H 地址为 0xCD

可见用 sfr 定义特殊功能寄存器与定义 char、int 等类型的变量相似。

由于头文件 reg51.h 和 reg52.h 中已将 MCS-51 系列单片机中所有特殊功能寄存器进行了定义,因此我们在程序设计中只要引进了该头文件,那么接下来特殊功能寄存器就不用定义而直接使用了,但要注意特殊功能寄存器的名称要用大写字母表示。值得说明的是,在 C51 语言中对特殊功能寄存器的访问必须先用 sfr 或 sfr16 进行声明。

在这里还要说明的是,上述提到的扩充的位类型 bit、可寻址位 sbit、特殊功能寄存器 sfr 和 sfr16 都是专门用于单片机硬件和 C51 编译器的,并不是标准 C 语言的一部分,因而不能通过指针进行访问。

12.2.5　中断函数格式及定义

C51 编译器支持直接开发中断程序,中断服务程序在 C51 中是按规定语法格式定义的一个函数,这一点与标准 C 语言有着极大的不同。

1. 中断函数的定义

中断函数定义的格式为如下:

> void 函数名(void) interrupt m [using n]

需要说明以下两个参数。

(1) interrupt 后面的 m 是中断源的编号,有 5 个中断源,m 的取值为 0～4,不允许使用表达式,中断编号决定了编译器中断程序的入口地址,执行该程序时,这个地址会传给程序计数器 PC,于是 CPU 开始从这里一条一条地执行程序指令。中断编号对应的中断源见表 12-3。

表 12 - 3　　中断编号与中断源的对应关系

中断编号	中 断 源	中断入口地址
0	外部中断 0(INT0)	0003H
1	定时/计数器 0 中断(TF0)	000BH
2	外部中断 1(INT1)	0013H
3	定时/计数器 1 中断(TF1)	00IBH
4	串行口中断	0023H

（2）using 后面的 n 是选择的寄存器组，单片机有 4 组寄存器，都是 R0～R7，程序具体使用哪一组寄存器由程序状态字 PSW 中的两位 RS1 和 RS0 来确定。在中断函数定义时，可以用 using 指定该函数具体使用哪一组寄存器，n 的取值为 0～3，分别对应 4 组寄存器。

using n 是可缺省项，一旦省略后，则由编译器自动选择一个寄存器组作为绝对寄存器组。

在许多情况下，响应中断时需保护有关现场信息，以便中断返回后，能使中断前的源程序从断点处继续正确地执行下去。在单片机中，可以很方便地利用工作寄存器组的切换来实现保护现场信息的功能，即在进入中断服务程序前的程序中使用一组工作寄存器组，进入中断服务程序后，通过 using n 切换到另一组寄存器，中断返回后又恢复到原寄存器组。这样互相切换的两组寄存器中的内容都没有被破坏，在函数体中进行中断处理。

2. 中断函数使用时的注意事项

中断函数使用时的注意事项如下。

（1）中断函数没有返回值。

（2）中断函数不能进行参数传递。

（3）在任何情况下都不能直接调用中断函数。

（4）中断函数使用浮点预算要保存浮点寄存器的状态。

（5）如果在中断函数中调用了其他函数，则被调用函数所使用的寄存器必须与中断函数相同，被调用函数最好设置为可重入的。

所谓可重入函数就是允许被递归调用的函数，用 C51 关键字 reentrant 修饰。函数的递归调用是指当一个函数正被调用尚未返回时，又直接或间接调用函数本身。一般函数无法实现递归调用，只有可重入函数才允许递归调用。可重入函数会导致系统软件结构复杂化，除了在某些阶乘运算中使用外，较少使用。

（6）C51 编译器对中断函数编译时会自动在程序开始和结束处加上相应的内容，即在程序开始处对 ACC、B、DPH、DPL 和 PSW 入栈，结束时出栈。若中断函数未加 using n 修饰符，开始时还要将 R0～R1 入栈，结束时出栈；若中断函数加入 using n 修饰符，则在开始将 PSW 入栈后还要修改 PSW 中的工作寄存器组选择位。

（7）C51 编译器从绝对地址 8 * m+3 处产生一个中断向量，其中 m 为中断编号，该向量包含一个到中断函数入口地址的绝对跳转。

（8）中断函数最好写在文件的尾部，并且禁止使用 extern 存储类型说明，防止其他程序调用。

（9）在设计中断时，要注意的是哪些功能应该放在中断程序中，哪些功能应该放在主程序中。一般来说，中断服务程序应该做最少量的工作，这样做有很多好处。首先系统对中断的反应面更宽了，有些系统如果丢失中断或者对中断反应太慢，则将产生十分严重的后果，有充足的时间等待中断是十分重要的；其次它可使中断服务程序的结构简单，不容易出错，中断程序中放入的东西越多，越容易引起冲突。简化中断服务程序意味着软件中将有更多的代码段，但是可把这些都放入主程序中。中断服务程序的设计对系统的成败有至关重要的作用，还要仔细考虑各中断之间的关系和每个中断执行的时间，特别要注意那些对同一个数据进行操作的中断服务处理。

注意：C51 编译器允许用 C51 创建中断服务程序，大家仅需要关心中断号和寄存器组的选择就可以了，编译器自动产生中断向量和程序的入栈及出栈代码。

12.2.6　一般指针、存储器指针及其转换

Keil C51 编译器支持使用"＊"符号说明的指针，可以使用指针执行标准 C 语言中所有可执行的操作。针对单片机的特有结构，C51 支持一般指针(Generic Pointer)和存储器指针(Memory_Specific Pointer)两种类型。

1. 指针变量的定义

通常情况下，指针变量的定义格式如下。

数据类型说明符［存储器类型 1］＊［存储器类型 2］指针变量名；

其中，① 数据类型说明符：说明了该指针变量所指向的变量的类型；② 存储器类型 1：属于可选项，它是 C51 的一种扩展，如果带有此选项，则指针被定义为基于存储器的指针；若无此选项，指针被定义为一般指针。存储器类型的编码值如表 12-4 所示。③ 存储器类型 2：也属于可选项，用于指定指针本身的存储器空间。

表 12-4　存储器类型编码值

存储器类型 1	data/bdata/idata	xdata	pdata	code
编码值	0x00	0x01	0xFE	0xFF

2. 一般指针与存储器指针

1) 一般指针

一般指针的声明和使用均与标准 C 语言相同，而且还能说明指针的存储类型。如：

```
long * state;        //定义指向 long 型整数的指针，而 state 本身则按存储模式进行存储
char * xdata ptr;    //定义指向 char 数据的指针，而 ptr 本身存放在外部 RAM 区中
```

以上的 long、char 等指针指向的数据可存放于任何存储器中。

在内存中 C51 使用 3B 存放一般指针：第 1 个字节表明存储器类型的编码(在编译时由编译模式的默认值确定)；第 2、3 个字节表明地址偏移量，分别对应着地址偏移量的高字节和低字节。

一般指针可以访问存储空间中任意位置的变量，因此许多库程序使用这种指针，此时可以访问数据而不用考虑数据在存储器中的位置。但是一般指针产生代码的执行速度比指定存储区指针产生代码的执行速度要慢，因为对于一般指针，存储区在运行前是未知的，编译器不能优化存储区访问，而必须产生可以访问存储区的通用代码。

2）存储器指针

C51 允许规定指针指向的存储器类型，这种指针被称为存储器指针或指定存储区的指针。存储器指针在定义说明的同时便指定了存储类型。如：

```
char data * str;        //str 指向 data 区中 char 型数据
int xdata * pow;        //pow 指向 xdata 区的 int 型整数，而 pow 本身存放在默认存储区中
long code * data b;     //b 指向 code 区的 long 型数据，b 本身存放在 data 区中
```

由于存储器指针总是包含了存储器类型的指定，并总是指向一个特定的存储区，存储区类型在编译时是确定的，所以一般指针所需的存储器类型字节在指定存储区的指针中是可以省掉的，存储器指针只需要用 1B(idata、data、bdata)或 2B(xdata、code)存储就够了。也就是说，只需要存放偏移量即可。编译时，这类操作被"行内"(inline)编码，而无需进行库调用。

需要说明的是，虽然使用存储器指针的好处是节省了存储空间，因为编译器不必为存储器选择、决定正确的存储器操作指令产生代码，使代码更简洁，但必须保证指针不指向所声明的存储区以外的地方，否则就会产生错误。

注意：如果优先考虑执行速度，则应尽可能地用存储器指针，而不用一般指针。

3）两种指针的比较

存储器指针和一般指针的主要区别在于它们所占的存储字节不同，它们各自所占的字节个数见表 12-5。

表 12-5　存储器指针、一般指针各自所占字节长度

指针	存储器指针					一般指针
指针类型	data	bdata	idata	xdata	code	generic
字节个数	1	1	1	2	2	3

表 12-6 给出了几个不同指针的执行差异，包括定义、数据规模、执行时间之间的差异。

表 12-6　执行存储器指针、一般指针的执行差异

描　述	idata 指针	xdata 指针	一般指针
示例程序定义	char idata * ip; char val; val= * ip;	char xdata * sp; char val; val= * sp;	char idata * p; char val; val= * p;
指针大小	1 字节数据	2 字节数据	3 字节数据
代码大小	4 字节代码	9 字节代码	11 字节代码
执行时间	4 个周期	7 个周期	13 个周期

3. 两种指针之间的转换

C51 编译器可以在一般指针和存储器指针之间转换，指针转换可以用类型转换的程序代码来强迫转换，或者在编译器内部强制转换。

在有些函数调用过程中，进行函数参数传递时需要采用一般指针，比如 C51 的库函数、printf/、sprintf、gets 等函数要求使用一般指针作为参数。当把存储器指针作为一个

实参传递给需要使用一般指针的函数时，C51 编译器就会把存储器指针自动转换为一般指针。

即存储器指针作为参数时，如果没有函数原型，则经常被转换为一般指针。如果被调用函数的参数为某种较短指针，则会产生程序错误。为了避免此类错误，应该采用预处理命令"include"将函数的说明文件包含到源程序中。

表 12 - 7 给出了一般指针到存储器指针的转换规则。

表 12 - 7　一般指针到存储器指针的转换规则

转换类型	转　换　规　则
generic * → code *	使用一般指针的偏移量（2B）
generic * → data *	
generic * → idata *	使用一般指针的偏移量的低字节（1B），高字节弃去不用
generic * → pdata *	

表 12 - 8 给出了存储器指针到一般指针的转换规则。

表 12 - 8　存储器指针到一般指针的转换规则

转换类型	转　换　规　则
code * → generic *	对应 code，一般指针的存储类型编码被设为 0xFF，使用原 code * 的 2B 偏移量
xdata * → generic *	对应 xdata，一般指针的存储类型编码被设为 0x01，使用原 xdata * 的 2B 偏移量
data * → generic *	idata * /data * 的 1B 偏移量被转换为 unsigned int 的偏移量
idata * → generic *	对应 idata/data，一般指针的存储类型编码被设为 0x00
pdata * → generic *	对应 pdata，一般指针的存储类型编码被设为 0xFE，pdata * 的 1B 偏移量被转换为 unsigned int 的偏移量

12.2.7　绝对地址的访问

1. 使用 Keil C51 运行库中预定义宏

为了能对外部设备进行输入/输出的操作，Keil C51 编译器提供了一组宏定义来对 51 单片机的 code、data、pdata、xdata 空间进行绝对寻址。同时规定只能以无符号数方式访问，定义了 8 个宏定义，其函数原型如下：

```
# define CBYTE((unsigned char volatile code * )0x50000L)
# define DBYTE((unsigned char volatile data * )0x40000L)
# define PBYTE((unsigned char volatile pdata * )0x30000L)
# define XBYTE((unsigned char volatile xdata * )0x10000L)
# define CWORD((unsigned int volatile code * )0x50000L)
# define DWORD((unsigned int volatile data * )0x40000L)
# define PWORD((unsigned int volatile pdata * )0x30000L)
# define XWORD((unsigned int volatile xdata * )0x20000L)
```

这些函数原型都放在 absacc.h 头文件中，使用时须用预处理命令把该头文件包含到程序中，形式为 #include<absacc.h>。其中，CBYTE 以字节形式对 code 区寻址；DBYTE 以字节形式对 data 区寻址；PBYTE 以字节形式对 pdata 区寻址；XBYTE 以字节形式对

xdata 区寻址，以上 4 个宏寻址地址都是字节；CWORD 以字形式对 code 区寻址；DWORD 以字形式对 data 区寻址；PWORD 以字形式对 pdata 区寻址；XWORD 以字形式对 xdata 区寻址，以上 4 个宏寻址地址都是字。

访问形式如下：

    宏名[地址]

其中，宏名为 CBYTE、DBYTE、PBYTE、XBYTE、CWORD、DWORD、PWORD 或者 XWORD。地址为存储单元的绝对地址，一般用十六进制形式表示。

8 个宏中使用最多的是 XBYTE，XBYTE 被定义在（unsigned char volatile *）0x10000L 中，其中的数字 1 代表外部数据存储区，偏移量是 0x0000，这样 XBYTE 就成了存放在 xdata 0 地址的指针，该地址里的数据就是指针所指向的变量地址。如 XBYTE[0x0001]是以字节形式对片外 RAM 的 0x0001 地址单元进行访问。注意：在使用这些宏时，对此细节不必深究，只要在程序中引入 absacc. h 头文件，然后仿照示例 12.1 就可以很简单地使用它们。

示例 12.1 使用 absacc. h 头文件中的宏定义绝对地址访问。

```
#include<absacc.h>
#include<reg51.h>
#define PortA XBYTE[0x007C]   //定义端口 PortA 地址为片外 RAM 的 0x007C
#define PortB XBYTE[0x007D]   //定义端口 PortB 地址为片外 RAM 的 0x007D
main()
{
    unsigned char i;
    PortA=0x80；//CPU 将数据 0x80 传输给端口 PortA
    i=PortB；    //CPU 从端口 PortB 输入数据，赋给 i
}
```

2. 通过指针访问

采用指针的方法，可以实现在 C51 语言程序中对任意指定的存储器单元进行访问。

3. 使用 C51 语言扩展关键字_at_

使用_at_对指定存储器空间的绝对地址进行访问，一般格式如下：

    [存储器类型] 数据类型 变量名 _at_ 地址常数；

其中，存储器类型是可选项，一般为 data、bdata、idata、pdata 等 C51 语言能识别的存储器类型，如果缺省，则按存储模式规定的默认存储器类型确定变量的存储器区域；数据类型为 C51 语言支持的数据类型；地址常数用于指定变量的绝对地址，必须位于有效的存储器空间之内；使用_at_定义的变量必须为全局变量。

示例 12.2 使用 C51 语言扩展关键字_at_进行绝对地址访问。

```
xdata unsigned char PortA _at_ 0x8000；//定义端口 PortA 地址为片外 RAM 的 0x8000
xdata unsigned char PortB _at_ 0x8001；//定义端口 PortB 地址为片外 RAM 的 0x8001
xdata unsigned char PortC _at_ 0x8002；//定义端口 PortC 地址为片外 RAM 的 0x8002
```

上述定义后，就可以对端口进行读/写操作了，如：

```
unsigned char i;
```

i＝PortA；//"读"操作

PortB＝i；//"写"操作

12.2.8　C51 扩展关键字

C51 除了遵守标准 C 语言的关键字之外，还扩展了一些关键字，这些扩展关键字见表 12 - 9。

表 12 - 9　C51 扩展关键字

名　称	含　义
_at_	为变量定义存储空间绝对地址
alien	声明与 PL/M51 兼容的函数
bdata	可位寻址的内部 RAM
bit	声明一个位变量或者位类型的函数
code	程序存储器 ROM
compact	使用外部分页 RAM 的存储模式
data	直接寻址的内部 RAM
idata	间接寻址的内部 RAM
interrupt	定义一个中断服务函数
large	使用外部 RAM 的存储模式
pdata	分页寻址的外部 RAM
priority	RTX51 的任务优先级
reentrant	定义一个可重入函数
sbit	声明一个可位寻址的特殊功能位
sfr	声明一个 8 位的特殊功能寄存器
sfr16	声明一个 16 位的特殊功能寄存器
small	内部 RAM 的存储模式
task	实时任务函数
using	选择工作寄存器组
xdata	外部 RAM

12.3　常用的 C51 库函数

Keil C51 不仅为用户提供了非常丰富的编辑和编译工具，还给用户提供了一些非常宝贵的库函数，这些库函数通常是以头文件的形式给出的。每个头文件中都包含有几个常用的函数，如果使用其中的函数，则可采用与标准 C 语言一样的处理方式，即采用预处理命令"♯include"将有关的头文件包含到程序中。

使用库函数可以大大地简化用户的程序编写工作，从而提高了编程效率。由于 51 系列单片机本身的特点，某些库函数的参数和调用格式与标准 C 语言有所不同，下文主要介绍这些不相同的部分。正如上面所提到的，如果在调用一个函数过程中又出现了直接或间接调用该函数本身，则这种情况我们称为函数的递归调用。并不是所有的函数都可以递归调用，在 C51 语言中将能进行递归调用的函数称为具有可再入属性（reentrant）的函数。

12.3.1　寄存器函数库 reg51. h/reg52. h

reg51. h 是一些编译软件自带的 MCS－51 单片机特殊功能寄存器（SFR）声明文件。这个头文件中对 P0～P3 I/O 口、中断系统等几乎内部所有特殊功能寄存器进行了声明，其文件名 reg51. h 中的"reg"就是英文"register"（寄存器）的缩写。

对特殊功能寄存器进行声明后，编写程序时就不需要使用难以记忆的寄存器地址来对寄存器进行操作了，每个寄存器都被声明了特定的名字，通过人类容易记忆的名称来编程，这使得编程更加方便。这个头文件将 C 程序中能用到的寄存器名或寄存器中某位的名称与硬件地址值做了对应，只要在程序中直接写出这些名称，集成开发环境就能识别，并最终转换成机器代码，实现对单片机各硬件资源的准确操控。

MCS－51 单片机虽然有 51 和 52 两个系列，但都是基于 51 内核的，因而它们所对应的寄存器函数库头文件 reg51. h 和 reg52. h 非常近似，后者可以视为是在前者的基础上扩展的，reg51. h 是对于最基本的 51 单片机的 SFR 的定义，比如 I/O 口、定时器、串口等等相关的特殊寄存器的定义，所以 reg51. h 相对来说应用更广泛，因为它是对最基础的单片机的定义，兼容性较强，差不多所有的 51 单片机都可以包含它。使用时通过"♯include＜reg51. h＞"包含进程序就可以了，这就相当于工业上的标准零件，拿来直接用就可以了。

注意：我们熟悉的头文件 AT89x52. h 与 reg52. h 基本是一样的，只是在使用时对每个位的定义不一样。AT89x52. h 文件中对 P1.1 的操作被写成 P1_1；而 reg52. h 文件中则被写成 P1^1。另外，AT89x52. h 是特指 ATMEL 公司的 52 系列单片机，reg52. h 指所有 52 系列的单片机。

1. 头文件 reg51. h

下面给出 reg51. h 的原文，并把注释文件一并给出，供大家参考。

```
/* ------------------------------------------
REG51. H
Header file for generic 80C51 and 80C31 microcontroller.
Copyright (c) 1988－2002 Keil Elektronik GmbH and Keil Software, Inc.
All rights reserved.
------------------------------------------ */
#ifndef __REG51_H__
#define __REG51_H__
/*   BYTE Register   */
```

```
sfr P0   = 0x80;        //三态双向 I/O 口 P0 口
```
//即特殊功能寄存器 P0 地址为 0x80，可位寻址，下同
//低 8 位地址总线/数据总线（一般不用而只作普通 I/O 口，注意作 I/O 口用时，硬件需接
//上拉电阻）
```
sfr P1   = 0x90;        //准双向 I/O 口 P1 口
sfr P2   = 0xA0;        //准双向 I/O 口 P2 口
```
//高 8 位地址总线，一般也作普通 I/O 用
```
sfr P3   = 0xB0;        //双功能
```
//1. 准双向 I/O 口 P3 口
//2. P30   RXD 串行数据接收
//   P31   TXD 串行数据发送
//   P32 外部中断 0   信号申请
//   P33 外部中断 1   信号申请
//   P34 定时/计数器 T0   外部计数脉冲输入
//   P35 定时/计数器 T1   外部计数脉冲输入
//   P36   WR 片外 RAM 写脉冲信号输入
//   P37   RD 片外 RAM 读脉冲信号输入
```
sfr PSW  = 0xD0;        //可以进行位寻址（C 语言编程时可不考虑此寄存器）
```
//程序状态寄存器 Program Status WORD（程序状态信息）
//psw. 7(CY)进位标志
//psw. 6(AC)辅助进位标志位低四位向高四位进位或借位时 AC＝1
//主要用于十进制调整
//psw. 5(F0)用户可自定义的程序标志位
//psw. 4(RS1)
//psw. 3(RS0)
//工作寄存器选择位
//任一时刻只有一组寄存器在工作
//0   0   0 区   00H～07H
//0   1   1 区   08H～0fH
//1   0   2 区   10H～17H
//1   1   3 区   18H～1FH
//psw. 2(OV)溢出标志位
//psw. 1( )保留位，不可使用
//psw. 0(P)奇偶校验位
```
sfr ACC  = 0xE0;   //累加器 A，特殊功能寄存器，可位寻址
sfr B    = 0xF0;   //寄存器 B，主要用于乘除运算
sfr SP   = 0x81;   //堆栈指针寄存器 SP，存放栈顶地址
sfr DPL  = 0x82;   //数据指针低 8 位
sfr DPH  = 0x83;   //数据指针寄存器 DPTR
```
//对片外 RAM 及扩展 I/O 进行存取用的地址指针
```
sfr PCON = 0x87;   //电源控制寄存器，不能位寻址
```
//管理单片机的电源部分，包括上电复位、掉电模式、空闲模式等

```
//复位时 PCON 被全部清 0，编程一般用 SMOD 位，其他的一般不用
//D7      SMOD       该位与串口通信波特率有关
//        SMOD=0     串口方式 1 2 3 波特率正常
//        SMOD=1     串口方式 1 2 3 波特率加倍
sfr TCON = 0x88；//定时/计数器，控制寄存器，可以进行位寻址
//D7      TF1        定时器 1 溢出标志位
//D6      TR1        定时器 1 运行控制位
//D5      TF0        定时器 0 溢出标志位
//D4      TR0        定时器 0 运行控制位
//D3      IE1        外部中断 1 请求标志
//D2      IT1        外部中断 1 触发方式选择位
//D1      IE0        外部中断 0 请求标志
//D0      IT0        外部中断 0 触发方式选择位
sfr TMOD = 0x89；   //定时/计数器，工作方式寄存器，不能位寻址
//确定工作方式和功能
//D7      GATE       门控制位
//        GATE=0；定时/计数器由 TRX(x=0，1)来控制
//        GATE=1；定时/计数器由 TRX(x=0，1)
//        和外部中断引脚(init0，1)来共同控制
//D6      C/T        定时器、计数器选择位
//        0          选择定时器模式
//        1          选择计数器模式
//D5      M1
//D4      M0

//M1 M0              工作方式
//  0  0 方式 0   13 位定时/计数器
//  0  1 方式 1   16 位定时/计数器
//  1  0 方式 2   8 位自动重装定时/计数器
//  1  1 方式 3   仅适用 T0，分成两个 8 位计数器，T1 停止计数
//D3      GATE       门控制位
//        GATE=0；定时/计数器由 TRX(x=0，1)来控制
//        GATE=1；定时/计数器由 TRX(x=0，1)
//和外部中断引脚(init0，1)来共同控制
//D2      C/T        定时器、计数器选择位
//        0          选择定时器模式
//        1          选择计数器模式
//D1      M1
//D0      M0

//M1 M0              工作方式
//  0  0 方式 0   13 位定时/计数器
//  0  1 方式 1   16 位定时/计数器
//  1  0 方式 2   8 位自动重装定时/计数器
```

```
//  1   1 方式 3      仅适用 T0，分成两个 8 位计数器，T1 停止计数
sfr TL0   = 0x8A；    //定时/计数器 0 高 8 位，容器，加 1 计数器
sfr TL1   = 0x8B；    //定时/计数器 1 高 8 位，容器
sfr TH0   = 0x8C；    //定时/计数器 0 低 8 位，容器
sfr TH1   = 0x8D；    //定时/计数器 1 低 8 位，容器


sfr IE    = 0xA8；    //中断允许寄存器，可以进行位寻址
//D7   EA         全局中断允许位
//D6   NULL
//D5   ET2 定时/计数器 2 中断允许位    interrupt 5
//D4   ES 串行口中断允许位                interrupt 4
//D3   ET1 定时/计数器 1 中断允许位    interrupt 3
//D2   EX1 外部中断 1 中断允许位        interrupt 2
//D1   ET0 定时/计数器 0 中断允许位    interrupt 1
//D0   EX0 外部中断 0 中断允许位        interrupt 0
sfr IP    = 0xB8；//中断优先级寄存器，可进行位寻址
//D7   NULL
//D6   NULL
//D5   NULL
//D4   PS         串行口中断定义优先级控制位
//     1          串行口中断定义为高优先级中断
//     0          串行口中断定义为低优先级中断
//D3   PT1
//     1          定时/计数器 1 中断定义为高优先级中断
//     0          定时/计数器 1 中断定义为低优先级中断
//D2   PX1
//     1          外部中断 1 定义为高优先级中断
//     0          外部中断 1 定义为低优先级中断
//D1   PT0
//     1          定时/计数器 0 中断定义为高优先级中断
//     0          定时/计数器 0 中断定义为低优先级中断
//D0   PX0
//     1          外部中断 0 定义为高优先级中断
//     0          外部中断 0 定义为低优先级中断
sfr SCON = 0x98；    //串行口控制寄存器，可以进行位寻址
//D7   SM0
//D6   SM1
//SM0  SM1        串行口工作方式
// 0   0          同步移位寄存器方式
// 0   1          10 位异步收发(8 位数据)，波特率可变(定时器 1 溢出率控制)
// 1   0          11 位异步收发(9 位数据)，波特率固定
// 1   1          11 位异步收发(9 位数据)，波特率可变(定时器 1 溢出率控制)
```

```
//D5       SM2       多机通信控制位，主要用于方式 2 和方式 3
//D4       REN       允许串行接收位
//D3       TB8       方式 2，3 中发送数据的第 9 位
//D2       RB8       方式 2，3 中接收数据的第 9 位
//D1       TI        发送中断标志位
//D0       RI        接收中断标志位
sfr SBUF = 0x99;     //串行数据缓冲区


/* * * * * * * * * * * * * * * * * * * * * * * * * * * * * * * * *
            下面是位寻址区
       上面做过解释的就不在下面一一解释了
  * * * * * * * * * * * * * * * * * * * * * * * * * * * * * * * * * */
/*        BIT Register*/
/*        PSW    */  /*程序状态字寄存器*/
sbit CY    = 0xD7;  //PSW.7 是 Cy 即 C，来源于最近一次算术指令或逻辑指令执行时软硬件
                      的改写
sbit AC= 0xD6;  //辅助进位标志位，用于 BCD 码的十进制调整运算。当低 4 位向高 4
//位借位时 AC 被置 1；否则清 0。此位也可和 DA 指令结合起来用
sbit F0 = 0xD5;  //用户使用的状态标志位
sbit RS1 = 0xD4;  //4 组工作寄存器区选择控制位 1
sbit RS0 = 0xD3;  //4 组工作寄存器区选择控制位 0
sbit OV= 0xD2;  //溢出标志位，在执行算术指令时，指示运算是否产生溢出
sbit P= 0xD0;  //奇偶标志位，P＝1 表示 A 中"1"的个数为奇数；P＝0 表示 A 中"1"的个数为
                偶数


/*   TCON   */    /*定时/计数器控制寄存器*/
sbit TF1= 0x8F;  //定时/计数器 T1 的溢出中断请求标志位
sbit TR1= 0x8E;  //定时/计数器 T1 的计数运行控制位
sbit TF0= 0x8D;  //定时/计数器 T0 的溢出中断请求标志位
sbit TR0= 0x8C;  //定时/计数器 T0 的计数运行控制位
sbit IE1= 0x8B;  //外部 1 的中断请求标志位
sbit IT1= 0x8A;  //外部中断请求 1 的电平触发方式位
sbit IE0= 0x89;  //外部 0 的中断请求标志位
sbit IT0= 0x88;  //外部中断请求 0 的电平触发方式位


/*  IE  */        /*中断允许寄存器*/
sbit EA= 0xAF;  //中断允许总控制位
sbit ES= 0xAC;  //串口允许中断位
sbit ET1= 0xAB;  //定时/计数器 T1 的溢出中断位
sbit EX1= 0xAA;  //外部中断 1 允许位
sbit ET0= 0xA9;  //定时/计数器 T0 的溢出中断位
sbit EX0= 0xA8;  //外部中断 0 允许位
```

```
/*   IP  */       /* 中断优先级寄存器 IP */
sbit PS= 0xBC；    //串口中断优先级控制位
sbit PT1= 0xBB；   //定时器 T1 优先级控制位
sbit PX1= 0xBA；   //外部中断 1 中断优先级控制位
sbit PT0= 0xB9；   //定时器 T0 优先级控制位
sbit PX0= 0xB8；   //外部中断 0 中断优先级控制位


/*   P3  */        /* P3 口的第二作用 */
sbit RD= 0xB7；    //外部数据存储器读选通
sbit WR= 0xB6；    //外部数据存储器写选通
sbit T1= 0xB5；    //计时器 1 外部输入
sbit T0= 0xB4；    //计时器 0 外部输入
sbit INT1= 0xB3；  //外部中断 1
sbit INT0= 0xB2；  //外部中断 0
sbit TXD= 0xB1；   //串行输出口
sbit RXD= 0xB0；   //串行输入口


/*   SCON  */      /* 串口中断寄存器 */
sbit SM0= 0x9F；   //串行口工作方式设置
sbit SM1= 0x9E；   //串行口工作方式设置
sbit SM2= 0x9D；   //多机通讯控制位
sbit REN= 0x9C；   //允许串行接收位
sbit TB8= 0x9B；   //发送的第 9 位数据
sbit RB8= 0x9A；   //接收的第 9 位数据
sbit TI= 0x99；    //串行口的发送中断请求标志位
sbit RI= 0x98；    //串行口的接收中断请求标志位


#endif
```

2. 头文件 reg52.h

头文件 reg52.h 与 reg51.h 极为相似，仅有少部分不同，下面用注释"8052 only"将不同的内容标记出来，以示区别，供大家参考。

```
/*————————————————————————————————————————
REG52. H
Header file for generic 80C52 and 80C32 microcontroller.
Copyright (c) 1988－2002 Keil Elektronik GmbH and Keil Software，Inc.
All rights reserved.
———————————————————————————————————————— */


#ifndef __REG52_H__
#define __REG52_H__
```

```
/*     BYTE Registers   */
sfr P0= 0x80;        //P0 口特殊功能寄存器
sfr P1= 0x90;        //P1 口特殊功能寄存器
sfr P2= 0xA0;        //P2 口特殊功能寄存器
sfr P3= 0xB0;        //P3 口特殊功能寄存器
sfr PSW= 0xD0;       //程序状态字寄存器
sfr ACC= 0xE0;       //累加器 A(使用最频繁,C 语言中不怎么强调)
sfr B= 0xF0;         //B 寄存器
sfr SP= 0x81;        //堆栈指针字寄存器
sfr DPL= 0x82;       //数据指针低 8 位
sfr DPH= 0x83;       //数据指针高 8 位
sfr PCON= 0x87;      //电源控制字寄存器
sfr TCON= 0x88;      //定时/计数控制字寄存器
sfr TMOD= 0x89;      //定时/计数方式字寄存器(不能进行位操作)
sfr TL0= 0x8A;       //定时器 0 低 8 位
sfr TL1= 0x8B;       //定时器 1 低 8 位
sfr TH0= 0x8C;       //定时器 0 高 8 位
sfr TH1= 0x8D;       //定时器 1 高 8 位
sfr IE= 0xA8;        //中断允许字寄存器
sfr IP= 0xB8;        //中断优先级寄存器
sfr SCON= 0x98;      //串行控制字寄存器
sfr SBUF= 0x99;      //串行数据缓冲器


/*     8052 Extensions   */
sfr T2CON= 0xC8;        //定时器 2 控制寄存器
sfr RCAP2L = 0xCA;      //定时/计数器 2 捕获寄存器低 8 位字节
sfr RCAP2H = 0xCB;      //定时/计数器 2 捕获寄存器高 8 位字节
sfr TL2= 0xCC;          //定时/计数器 2 低 8 位字节
sfr TH2= 0xCD;          //定时/计数器 2 高 8 位字节


/*   BIT Registers   */
/*   PSW   */
sbit CY= PSW^7;       //进位标志,运算时操作结果最高位(第 7 位)是否有进位或者错位
sbit AC= PSW^6;       //半进位标志表示低字节相对高字节是否有进位或者错位
//=1 时有;=0 时无
sbit F0= PSW^5;       //用户标志,由用户置位或复位
sbit RS1 = PSW^4;     //工作寄存器选择位 (4 组工作寄存器 RAM,每组 8B)
sbit RS0 = PSW^3;     //工作寄存器选择位
sbit OV = PSW^2;      //溢出标志位表示算术运算时是否有溢出
//=1 时有溢出;=0 时无溢出
sbit P= PSW^0;        //8052 only 累加器 A 奇偶标志位
//=1 时有奇数个 1;=0 时有偶数个 1
```

```
/ *   TCON   * /
sbit TF1  =  TCON^7;   //定时器 1 溢出标志位，溢出时由硬件置 1，并申请中断
//进入中断函数中，自动清 0(使用定时器操作时，不用人为操作)
sbit TR1  =  TCON^6;   //定时器 1 运行控制位，由软件控制清 0
//GATE=1 且 INT1 为高电平，同时 TR1=1 时启动定时器 1
//GATE=0 时，只要 TR1=1 时就可以启动定时器 1
sbit TF0  =  TCON^5;   //定时器 1 溢出标志位，溢出时由硬件置 1，并申请中断
//进入中断函数中，自动清 0(使用定时器操作时，不用人为操作)
sbit TR0  =  TCON^4;  //定时器 0 运行控制位 由软件控制清 0
//GATE=1 且 INT0 为高电平，同时 TR0=1 时启动定时器 0
//GATE=0 时，只要 TR0=1 时就可以启动定时器 0
sbit IE1  =  TCON^3;   //外部中断 1 请求标志
sbit IT1  =  TCON^2;   //外部中断触发方式选择位
//=0 时，电平触发方式，INT1 引脚上低电平有效；
//=1 时，下降沿触发有效，INT1 由高变低时有效
sbit IE0  =  TCON^1;   //外部中断 0 请求标志
sbit IT0  =  TCON^0;   //外部中断触发方式选择位
//=0 时，电平触发方式，INT0 上低电平有效；
//=1 时，下降沿触发有效，INT0 由高变低时有效


/ *   IE   * /
sbit EA    =  IE^7;   //全局总中断允许位(每种中断都必须)
sbit ET2   =  IE^5;   //8052 only 定时/计数器 2 中断允许位
sbit ES    =  IE^4;   //串口中断允许位
sbit ET1   =  IE^3;   //定时/计数器 1 中断允许位
sbit EX1   =  IE^2;   //外部中断 1(INT1)允许位
sbit ET0   =  IE^1;   //定时/计数器 0 中断允许位
sbit EX0   =  IE^0;   //外部中断 0(INT0)允许位


/ *   IP   * /
sbit PT2   =  IP^5;   //定时/计数器 2 中断优先级控制位
sbit PS    =  IP^4;   //串口中断优先级控制位
sbit PT1   =  IP^3;   //定时/计数器 1 中断优先级控制位
sbit PX1   =  IP^2;   //外部中断 1 中断优先级控制位
sbit PT0   =  IP^1;   //定时/计数器 0 中断优先级控制位
sbit PX0   =  IP^0;   //外部中断 0 中断优先级控制位


/ *   P3   * /
sbit RD    =  P3^7;   // RD(外部数据存储器读选通控制输出)
sbit WR    =  P3^6;   // WR(外部数据存储器写选通控制输出)
sbit T1    =  P3^5;   // T1(T1 定时/计数器 1 外部输入)
sbit T0    =  P3^4;   // T0(T0 定时/计数器 1 外部输入)
sbit INT1  =  P3^3;   // 外部中断 1 输入
```

```
sbit INT0    = P3^2;    // 外部中断 0 输入
sbit TXD     = P3^1;    // 串行口输入
sbit RXD     = P3^0;    // 串行口输出

/*   SCON   */
sbit SM0     = SCON^7;
sbit SM1     = SCON^6;
sbit SM2     = SCON^5;
sbit REN     = SCON^4;
sbit TB8     = SCON^3;
sbit RB8     = SCON^2;
sbit TI      = SCON^1;
sbit RI      = SCON^0;

/*   P1   */
sbit T2EX    = P1^1;    // 8052 only
sbit T2      = P1^0;    // 8052 only

/*   T2CON   */
sbit TF2     = T2CON^7;
sbit EXF2    = T2CON^6;
sbit RCLK    = T2CON^5;
sbit TCLK    = T2CON^4;
sbit EXEN2   = T2CON^3;
sbit TR2     = T2CON^2;
sbit C_T2    = T2CON^1;
sbit CP_RL2  = T2CON^0;
#endif
```

12.3.2 字符函数库 ctype. h

字符函数库 ctype. h 具体情况见表 12-10，它用于字符判断转换。

表 12-10 字符函数库 ctype. h 中的函数及功能

函数原型	再入属性	功　　能
bit isalpna(unsigned char)	reentrant	检查参数字符是否为英文字母，是则返回 1；否则返回 0
bit isalnum(char c)	reentrant	检查参数字符是否为英文字母或数字字符，是则返回 1；否则返回 0
bit iscntrl (unsigned char)	reentrant	检查参数字符是否在 0x00~0x7F 之间，或者等于 0x7F，是则返回 1；否则返回 0
bit isdigit(unsigned char)	reentrant	检查参数字符是否为数字字符，是则返回 1；否则返回 0

续表

函数原型	再入属性	功　能
bit isgraph(unsigned char)	reentrant	检查参数字符是否为可打印字符，可打印字符的 ASCII 值为 0x21～0x7E，是则返回 1；否则返回 0
bit isprint(char c)	reentrant	除了与 isgraph 相同之外，还接收空格符(0x20)
bit ispunct(char c)	reentrant	检查参数字符是否为标点、空格或格式字符，是则返回 1；否则返回 0
bit islower(char c)	reentrant	检查参数字符是否为小写英文字母，是则返回 1；否则返回 0
bit isupper(char c)	reentrant	检查参数字符是否为大写英文字母，是则返回 1；否则返回 0
bit isspace(char c)	reentrant	检查参数字符是否为空格、制表符、回车、换行、垂直制表符或送纸，是则返回 1；否则返回 0
bit isxdigit(char c)	reentrant	检查参数字符是否为十六进制数字字符，是则返回 1；否则返回 0
bit toint(char c)	reentrant	将 ASCII 字符的 0～9、A～F 转换为十六进制数，返回值为 0～F
bit tolower(char c)	reentrant	将大写字母转换成小写字母，如果不是大写字母，则不作转换直接返回相应的内容
char _tolower(char c)	reentrant	将字符参数 c 与常数 0x20 逐位相或，从而将大写字符转换成小写字符
bit toupper(char c)	reentrant	将小写字母转换成大写字母，如果不是小写字母，则不作转换直接返回相应的内容
char _toupper(char c)	reentrant	将字符参数 c 与常数 0xDF 逐位相与，从而将小写字符转换成大写字符
char toascii(char c)	reentrant	将任何字符参数值缩小到有效的 ASCII 范围内，即将 c 与 0x7F 相与，去掉第 7 位以上的位

12.3.3　输入/输出函数库 stdio. h

输入/输出函数库的原型声明在头文件 stdio. h 中定义，通过单片机的串行口工作。如果希望支持其他 I/O 接口，只需要改动_getkey 和 putchar 函数。库中所有其他的 I/O 支持函数都依赖于这两个函数模块。在使用 8051 系列单片机的串行口之前，应先对其进行初始化。例如，2400 波特率(12 MHz 时钟频率)初始化串行口的语句如下：

```
SCON=0x52;        //SCON 置初值
TMOD=0x20;        //TMOD 置初值
TH1=0xF3;         //T1 置初值
TR1=1;            //启动 T1
```

输入/输出库 stdio. h 具体情况见表 12 - 11。

表 12 - 11　输入/输出库 stdio. h 中的函数及功能

函数原型	再入属性	功　能
char _getkey(void)	reentrant	等待从串行口读入一个字符并返回读入的字符，这个函数是改变整个输入端口机制时应做修改的唯一一个函数
char getchar(void)	reentrant	与_getkey 函数类似，使用_getkey 从串口读入字符，并将读入的字符马上传给 putchar 函数输出
char putchar(char c)	reentrant	通过串行口输出字符，与_getkey 一样，这是改变整个输出机制所需要修改的唯一一个函数
char * gets(char * string, int len)	reentrant	从串口读入一个长度为 len 的字符串，存入 string 指定的位置。输入以换行符结束。输入成功则返回 string 参数指针；失败则返回 NULL
char ungetchar(char c)	reentrant	将输入的字符送到输入缓冲区并将其值返回给调用者，下次使用 gets 或 getchar 时可得到该字符，但不能返回多个字符
int printf(const char * fmtstr [, argument]···)	non-reentrant	以第一个参数指向字符串制定的格式通过串行口输出数值和字符串，返回值为实际输出的字符数
int sprintf(char * buffer, const char * fmtstr[, argument]···)	non-reentrant	与 printf 的功能类似，但数据不是输出到串口，而是通过一个指针 buffer 送入可寻址的内存缓冲区中，并以 ASCII 形式存放
char puts(const char * string)	reentrant	将字符串和换行符写入串行口，成功则返回一个非负数；错误时返回 EOF
int scanf(const char * fmtstr [, argument]···)	non-reentrant	以一定的格式通过 MCS - 51 单片机的串口读入数值或字符串，存入指定的存储单元。注意：每个参数都必须是指针类型。成功则返回输入的项数；错误时返回 EOF
int sscanf(char * buffer, const char * fmtstr[, argument]···)	non-reentrant	与 scanf 的功能类似，但字符串的输入不是通过串口，而是通过另一个以空格结束的指针
void vprintf(const char * s, char * fmstr, char * argptr)	non-reentrant	将格式化字符串和数据值输出到由指针 s 指向的内存缓冲区内。类似于 sprintf，但接收一个指向变量表的指针，而不是变量表。返回值为实际写入到输出字符串中的字符数

12.3.4　标准函数库 stdlib. h

标准函数库 stdlib. h 具体情况见表 12－12，利用该函数库可以完成数据类型转换以及存储器分配操作。

表 12－12　标准函数库 stdlib. h 中的函数及功能

函数原型	再入属性	功　　能
float atof(void ＊ string)	non-reentrant	将字符串 string 转换成浮点型数值并返回。输入串中必须包含与浮点型数值规定相符的数。该函数在遇到第一个不能构成数字的字符时，停止对输入字符串的读操作
long atol(void ＊ string)	non-reentrant	将字符串 string 转换成长整型数值并返回。输入串中必须包含与长整型数格式相符的字符串。该函数在遇到第一个不能构成数字的字符时，停止对输入字符串的读操作
int atoi(void ＊ string)	non-reentrant	将字符串 string 转换成整型数值并返回。输入串中必须包含与整型数格式相符的字符串。该函数在遇到第一个不能构成数字的字符时，停止对输入字符串的读操作
void ＊ calloc (unsigned int n, unsigned int size)	non-reentrant	为 n 个元素的数组分配内存空间，数组中每个元素的大小为 size，所分配的内存区用 0 初始化。返回值为已分配的内存单元的起始地址，如不成功则返回 0
void ＊ malloc (unsigned int size)	non-reentrant	在内存中分配一个 size 字节大小的存储器空间，返回值为一个 size 大小对象所分配的内存指针。如果无内存空间可用，则返回 NULL。所分配的内存区域不进行初始化
void ＊ realloc(void xdata ＊ p, unsigned int size)	non-reentrant	用于调整先前分配的存储器区域大小。参数 p 指示该存储区域的起始地址，参数 size 表示新分配存储器区域的大小。原存储器区域的内容被复制到新存储器区域中。如果新区域较大，则多出的区域将不作初始化。该函数返回指向新存储区的指针，如果无足够大的内存可用，则返回 NULL
void free(void xdata ＊ p)	non-reentrant	释放指针 p 所指向的存储器区域。如果 p 为 NULL，则该函数无效。p 必须是以前用 calloc、malloc 或 realloc 函数分配的存储器区域。调用 free 函数后，被释放的存储器区域就可以参加以后的分配了

续表

函数原型	再入属性	功　能
void int_mempool(void xdata * p, unsigned int size)	non-reentrant	对被 calloc、malloc 或 realloc 函数分配的存储器区域进行初始化。指针 p 指向存储器区域的首地址，size 表示存储区域的大小
int rand()	non-reentrant	返回一个 0~32 767 之间的伪随机数，对 rand 的相继调用将产生相同序列的随机数
void srand(int n)	non-reentrant	用来将随机数发生器初始化成一个已知(或期望)值
unsigned long strtod (const char * s, char * * ptr)	non-reentrant	将字符串 s 转换为一个浮点型数据并返回，字符串前面的空格、/、tab 符被忽略
long strtol (const char * s, char * * ptr, unsigned char base)	non-reentrant	将字符串 s 转换为一个 long 型数据并返回，字符串前面的空格、/、tab 符被忽略
long strtoul (const char * s, char * * ptr, unsigned char base)	non-reentrant	将字符串 s 转换为一个 unsigned long 型数据并返回，溢出时则返回 ULONG_MAX。字符串前面的空格、/、tab 符被忽略

12.3.5　数学函数库 math.h

数学函数库 math.h 具体情况见表 12－13。

表 12－13　数学函数库 math.h 中的函数及功能

函数原型	再入属性	功　能	
int abs(int val) char cabs(char val) float fabs(float val) long labs(long val)	reentrant	abs 计算并返回 val 的绝对值。若 val 为正，返回原值；若为负，返回相反数。 其余 3 个函数除了变量和返回值类型不同之外，其他功能完全相同	
float exp(float x)	non-reentrant	计算并返回浮点数 x 的指数函数	
float log(float x)	non-reentrant	计算并返回浮点数 x 的自然对数(以 e 为底，e＝2.718282)	
float log10(float x)	non-reentrant	计算并返回浮点数 x 以 10 为底的对数	
float sqrt(float x)	non-reentrant	计算并返回 x 的正平方根	
float cos(float x)	non-reentrant	计算并返回 x 余弦值	变量范围 $-\pi/2 \sim +\pi/2$，值在 $-65535 \sim +65535$ 之间，否则产生 NaN 错误
float sin(float x)	non-reentrant	计算并返回 x 正弦值	
float tan(float x)	non-reentrant	计算并返回 x 正切值	
float acos(float x)	non-reentrant	计算并返回 x 的反余弦值	

函数原型	再入属性	功　　能
float asin(float x)	non-reentrant	计算并返回 x 的反正弦值
float atan(float x)	non-reentrant	计算并返回 x 的反正切值,值域为 $-\pi/2 \sim +\pi/2$
float atan2(float y, float x)	non-reentrant	计算并返回 y/x 的反正切值,值域为 $-\pi \sim +\pi$
float cosh(float x)	non-reentrant	计算并返回 x 的双曲余弦值
float sinh(float x)	non-reentrant	计算并返回 x 的双曲正弦值
float tanh(float x)	non-reentrant	计算并返回 x 的双曲正切值
float ceil(float x)	non-reentrant	计算并返回一个不小于 x 的最小整数(作为浮点数)
float floor(float x)	non-reentrant	计算并返回一个不大于 x 的最小整数(作为浮点数)
float modf (float x, float * ip)	non-reentrant	将浮点数 x 分成整数和小数部分,两者都含有与 x 相同的符号,整数部分放入 * ip,小数部分作为返回值
float pow(float x, float y)	non-reentrant	计算并返回 x^y 值,如果 x 不等于 0 而 y=0,则返回 1。当 x=0 且 y≤0 或者当 x<0 且 y 不是整数时,则返回 NaN 错误

12.3.6　内部函数库 intrins.h

内部函数库 intrins.h 具体情况见表 12-14。此头文件中的函数是指编译时直接将固定的代码插入到当前行,而不是用汇编语言中的"ACALL"和"LCALL"指令来实现调用,从而大大提高了函数的访问效率。该库函数有 9 个,数量少但非常有用。

表 12-14　内部函数库 intrins.h 中的函数及功能

函数原型	再入属性	功　　能
unsigned char _ crol _ (unsigned char var, unsigned char n)		
unsigned int _irol_ (unsigned int var, unsigned char n)	reentrant	将变量 var 循环左移 n 位,它们与 MCS-51 单片机的"<<"指令相关,这 3 个函数的不同之处在于变量的类型与返回值的类型不一样
unsigned long _ irol _ (unsigned long var, unsigned char n)		
unsigned char _ cror _ (unsigned char var, unsigned char n)		
unsigned int _iror_ (unsigned int var, unsigned char n)	reentrant	将变量 var 循环右移 n 位,它们与 MCS-51 单片机的">>"指令相关,这 3 个函数的不同之处在于变量的类型与返回值的类型不一样
unsigned long _ iror _ (unsigned long var, unsigned char n)		

函数原型	再入属性	功 能
void _nop_(void)	reentrant	产生一个 MCS-51 单片机的 nop 指令(时间和主频有关,常用作短延时)
bit _testbit_(bit b)	reentrant	对字节中的一位进行测试。如果为 1,则返回 1,如果为 0,则返回 0。该函数只能对可寻址位进行测试
Unsigned char _chkfloat_(float ual)	reentrant	测试并返回浮点数状态

12.3.7 字符串函数库 string.h

字符串函数库 string.h 具体情况见表 12-15。

表 12-15 字符串函数库 string.h 中的函数及功能

函数原型	再入属性	功 能
void * memchr(void * buf, char val, int len)	reentrant	顺序搜索字符串 buf 的前 len 个字符以找出字符 val。成功则返回 buf 中指向 val 的指针;失败则返回 NULL
char memcmp(void * s1, void * s2, int len)	reentrant	逐个字符比较字符串 s1 和 s2 的前 len 个字符。若相同,则返回 0;若串 s1 大于 s2,则返回一个正数;若串 s1 小于 s2,则返回一个负数
void * memcpy(void * dest, void * src, int len)	reentrant	从 src 所指向的存储器单元复制 len 个字符到 dest 中,返回指向 dest 中最后一个字符的指针
void * memccpy(void * dest, void * src, char val, int len)	non-reentrant	复制字符串 src 的前 len 个元素到字符串 dest 中。如果实际复制了 len 个字符,则返回 NULL。复制过程在复制完字符 val 后停止,此时返回指向 dest 中下一个元素的指针
void * memmove(void * dest, void * src, int len)	reentrant	工作方式与 memcpy 相同,只是复制的区域可以交叠
void * memset(void * buf, char val, int len)	reentrant	用字符 val 来填充指针 buf 中 len 个字符
char * strcat(char * s1, char * s2)	non-reentrant	将串 s2 连接到 s1 的尾部。该函数假定 s1 所定义的地址区域足以接收两个串。返回指向 s1 中的第一个字符的指针
char * strncat(char * s1, char * s2, int len)	non-reentrant	将串 s2 中前 len 个字符连接到 s1 的尾部。如果 s2 比 len 短,则只复制 s2(包括串结束符)

函数原型	再入属性	功　　能
char strcmp(char * s1, char * s2)	reentrant	比较字符串 s1 和串 s2。若相同，则返回 0；若 s1 大于 s2，则返回一个正数；若 s1 小于 s2,则返回一个负数
char strncmp（char * s1, char * s2, int len)	reentrant	比较字符串 s1 和串 s2 的前 len 个字符。返回值与 strcmp 相同
char * strcpy（char * s1, char * s2)	reentrant	将串 s2(包括结束符)复制到 s1 中，返回指向 s1 中第一个字符的指针
char * strncpy（char * s1, char * s2, int len)	reentrant	与 strcpy 相似，但仅复制前 len 个字符。若 s2 的长度小于 len，则 s1 以 0 补齐到长度 len
int strlen(char * src)	reentrant	返回串 src 的长度，直到空结束字符，但不包括空结束字符
char * strstr(const char * s1, char * s2)	reentrant	搜索字符串 s2 第一次出现在 s1 中的位置，并返回一个指向第一次出现位置开始处的指针。如果字符串 s1 中不包括字符串 s2，则返回一个空指针
char * strchr(char * string, char c)	reentrant	在串 string 中搜索第一次出现的字符 c，如果找到，则返回指向该字符的指针；若失败，则返回 NULL。被搜索的可以是串结束符，此时返回值是指向串结束符的指针
int strops（char * string, char c)	reentrant	与 strchr 相似，但返回的是字符 c 在串中第一次出现的位置值，没有找到则返回 −1。串 string 中首字符的位置值是 0
char * strrchr（char * string, char c)	reentrant	与 strchr 相似，但搜索的最后一次出现字符 c 的位置
int strropsr（char * string, char c)	reentrant	与 strops 相似，但返回的是字符 c 在串中最后一次出现的位置值，没有找到则返回 −1
int strspn（char * string, char * set)	reentrant	搜索 string 串中第一个不包括在 set 串中的字符，返回值是 string 中包括在 set 里的字符个数。如果 string 中的所有字符都包括在 set 里面，则返回 string 的长度(不包括结束符)。如果 set 是空串，则返回 0
int strcspn（char * string, char * set)	reentrant	与 strspn 相似，但它搜索的是 string 串中的第一个包含在 set 里的字符
char * strpbrk（char * string, char * set)	reentrant	与 strspn 相似，但返回指向搜索到的字符的指针，而不是个数；如果未找到，则返回 NULL
char * strrpbrk（char * string, char * set)	reentrant	与 strpbrk 相似，但它返回 string 中指向找到的 set 字符集中最后一个字符的指针

12.3.8　绝对地址访问函数库 absacc. h

绝对地址访问函数库 absacc. h 具体情况见表 12 - 16。8 个宏中使用最多的是 XBYTE，XBYTE 被定义在(unsigned char volatile□)0x10000L 中，其中数字 1 代表外部数据存储区，偏移量是 0x0000，这样 XBYTE 就成了存放在 xdata 0 地址的指针，该地址里的数据就是指针所指向的变量地址。当访问外围设备端口使用 XBYTE[端口地址]时，相当于将该端口地址放在 xdata 0x0000 单元，也就是该指针指向了该端口地址。

表 12 - 16　绝对地址访问函数库 absacc. h 中的函数及功能

函数原型	再入属性	功　　能
#define CBYTE ((unsigned char volatile code *)0x50000L)	reentrant	CBYTE 以字节形式对 code 区寻址
#define DBYTE ((unsigned char volatile data *)0x40000L)	reentrant	DBYTE 以字节形式对 data 区寻址
#define PBYTE ((unsigned char volatile pdata *)0x30000L)	reentrant	PBYTE 以字节形式对 pdata 区寻址
#define XBYTE ((unsigned char volatile xdata *)0x10000L)	reentrant	XBYTE 以字节形式对 xdata 区寻址 （以上 4 个宏寻址地址都是字节）
#define CWORD ((unsigned int volatile code *)0x50000L)	reentrant	CWORD 以字形式对 code 区寻址
#define DWORD ((unsigned int volatile data *)0x40000L)	reentrant	DWORD 以字形式对 data 区寻址
#define PWORD ((unsigned int volatile pdata *)0x30000L)	reentrant	PWORD 以字形式对 pdata 区寻址
#define XWORD ((unsigned int volatile xdata *)0x20000L)	reentrant	XWORD 以字形式对 xdata 区寻址 （以上 4 个宏寻址地址都是字）

12.4　本 章 小 结

C51 语言的语法、程序结构、程序设计方法与标准 C 语言都极为相似，其不同主要体现在以下几个方面：

（1）C51 语言中的数据类型与标准 C 语言的数据类型有一定区别，在 C51 语言中增加了几种针对 51 单片机的特有的数据类型。

（2）C51 语言中变量的存储模式与标准 C 语言中变量的存储模式不一样，C51 语言中变量的存储模式与单片机的存储器密切相关。

（3）C51 语言中定义的库函数与标准 C 语言定义的库函数不同。标准 C 语言定义的库函数是按照通用微型计算机来定义的；而 C51 语言中的库函数是按照单片机具体情况来定义的，它比标准 C 语言定义的库函数要少，而且大多数和 51 单片机的硬件操作有关。

（4）C51 语言与标准 C 语言的输入/输出处理不一样，C51 中的输入输出是通过单片机的串口来完成的，输入/输出指令执行前必须要对串行口进行初始化。

（5）C51 语言与标准 C 语言在函数使用方面也有一定的区别，C51 语言中有专门的中断函数。

最后，还要说明的是，现在支持 51 系列单片机的 C 语言编译器有很多种，各种编译器的基本情况类似，但具体处理时有一定的区别，其中 Keil C51 以它的代码紧凑、使用方便等优点优于其他同类编译器，现在使用特别广泛。

12.5　习题与思考

（1）为什么现在提倡用 C 语言进行单片机应用开发，而不是汇编语言？

（2）什么叫"强制类型转换"，试举例。

（3）请说明指针有哪些类型？区别是什么？

（4）常用的 C51 函数库有哪些，功能分别是什么？如何调用？

参 考 文 献

[1] 张志霞，张楠楠，王永刚，杨萍．单片机原理[M]．北京：中国水利水电出版社，2014.

[2] 李朝青，刘艳玲．单片机原理及接口技术[M]．北京：北京航空航天大学出版社，2013.

[3] 黄勤．单片机原理及应用[M]．北京：清华大学出版社，2009.

[4] 姜志海，黄玉清，刘连鑫．单片机原理及应用[M]．北京：电子工业出版社，2013.

[5] 胡汉才．单片机原理及其接口技术[M]．北京：清华大学出版社，2010.

[6] 李林功．单片机原理与应用[M]．北京：机械工业出版社，2014.

[7] 李晓林．单片机原理与接口技术[M]．北京：电子工业出版社，2015.

[8] 徐汉斌，熊才高．单片机原理及应用[M]．武汉：华中科技大学出版社，2013.

[9] 张毅刚．单片机原理及应用[M]．哈尔滨：哈尔滨工业大学出版社，2008.

[10] 李全利．单片机原理及应用[M]．北京：清华大学出版社，2014.